INSTRUCTION

SUR LE

SERVICE INTÉRIEUR

DE LA GARDE RÉPUBLICAINE.

INSTRUCTION

SUR LE

SERVICE INTÉRIEUR

DE LA

GARDE RÉPUBLICAINE.

Paris
LÉAUTEY, ÉDITEUR
IMPRIMEUR DE LA GENDARMERIE
Rue St-Guillaume, 23.

1876.

INSTRUCTION

SUR LE

SERVICE INTÉRIEUR

DE LA GARDE RÉPUBLICAINE.

Le corps de la garde républicaine étant organisé régimentairement, l'ordonnance du 2 novembre 1833 (infanterie et cavalerie) en réglera le service intérieur pour tous les détails compatibles avec le décret du 1er mars 1854, le règlement d'administration du 18 février 1863 et celui du 9 avril 1858, sur le service intérieur de la gendarmerie.

La présente instruction ne mentionnera donc que les dispositions spéciales à la garde républicaine, en raison de la composition mixte de ce corps et du service qu'il est appelé à faire dans Paris.

COLONEL.

ART. 1er.

Rapports du colonel avec le ministre de la guerre.

§ 1er. Dans l'intervalle d'une inspection à l'autre, le colonel correspond avec le ministre de la guerre par l'intermédiaire du général commandant la place, pour tout ce qui est relatif au personnel, à la tenue, au service et à la discipline du corps.

§ 2. Pendant le cours de l'inspection générale, le colonel ne correspond avec le ministre de la guerre que par l'intermédiaire de l'inspecteur général.

Rapports avec le préfet de police.

§ 3. Le colonel défère aux réquisitions du préfet de police, fait exécuter les ordres et consignes que celui-ci lui transmet concernant les lois, règlements et ordonnances de police.

§ 4. Le colonel rend compte au préfet de police de tout ce qui intéresse l'ordre public ainsi que de l'exécution des services municipaux.

Art. 2.

Établissement du tableau de travail.

Chaque année, avant la reprise de l'instruction, le colonel arrête un tableau de travail pour les deux armes.

Art. 3.

Remplacement du colonel.

En cas d'absence ou d'empêchement du colonel, il est suppléé par le plus ancien lieutenant-colonel.

LIEUTENANTS-COLONELS.

Art. 4.

Chaque lieutenant-colonel dirige, sous l'autorité du colonel, les détails du service de son arme.

ART. 5.

Théories.

Les lieutenants-colonels font la théorie aux capitaines de leur arme.

ART. 6.

Registre du personnel des officiers.

§ 1er. Le dernier jour du trimestre, chaque lieutenant-colonel adresse au colonel l'extrait du registre du personnel, en ce qui concerne les punitions infligées aux officiers pendant le trimestre écoulé.

Registres et carnets.

§ 2. Chaque lieutenant-colonel surveille, en outre, la tenue des registres de l'adjudant sous-officier, des maréchaux de logis de semaine, ainsi que les carnets de décision des compagnies et escadrons.

ART. 7.

Revue des effets d'habillement.

Les lieutenants-colonels passent la revue des effets d'habillement reçus par les capitaines; cette revue doit avoir lieu aussitôt après celle qui a dû en être passée par les chefs d'escadron.

ART. 8.

Service de semaine.

§ 1er. Les lieutenants-colonels alternent pour le service de semaine.

Rapport journalier.

§ 2. Le lieutenant-colonel de semaine assiste au rapport.

Visite des casernes.

§ 3. De temps à autre, il visite les casernes pour s'assurer de leur tenue et de l'exécution exacte de tous les détails du service.

S'il assiste à l'appel de 9 heures 1/4, il inspecte les compagnies, les gardes et piquets montants et fait, s'il le juge convenable, exercer la garde au maniement d'armes avant de la faire défiler.

Il visite ensuite les chambres de l'infanterie, les cuisines et salles de police, prisons, cantines, pensions des sous-officiers, sellerie, infirmeries, etc. L'appel de la cavalerie n'ayant lieu qu'à 2 heures, les chambres occupées par elle ne sont visitées généralement que pendant le pansage du soir.

Rapport de semaine.

§ 4. Le lieutenant-colonel de semaine adresse au colonel, le dimanche, un rapport sommaire sur son service de semaine. Il y joint les rapports des chefs d'escadron et du capitaine adjudant-major de semaine.

Art. 9.

Rondes des postes.

Les lieutenants-colonels concourent avec les chefs d'escadron pour le service de ronde des postes occupés par le corps. Pour ce service, il est commandé deux officiers supérieurs par semaine. Ils sont en tenue de service, à cheval, et accompagnés d'une ordonnance.

Art. 10.

Service de détachement.

Les lieutenants-colonels ne sont désignés pour commander un détachement que lorsque la force ou l'importance de la mission à remplir l'exige; dans ce cas, ils sont toujours accompagnés par un adjudant-major ou par le capitaine instructeur.

Art. 11.

Remplacement des lieutenants-colonels.

En cas d'absence ou d'empêchement d'un lieutenant-colonel, il est remplacé par le plus ancien chef d'escadron de son arme.

CHEFS D'ESCADRON.

Art. 12.

Les chefs d'escadron sont responsables, envers leur lieutenant-colonel, de tout ce qui concerne la discipline, l'instruction, le service et la tenue de leurs bataillons ou escadrons respectifs.

Art. 13.

Transmission hiérarchique des rapports, demandes, etc.

Toutes les demandes, rapports, etc..., concernant les militaires placés sous leurs ordres, leur sont soumis; ils s'assuréht de leur régularité, ils y inscrivent leur opinion motivée et les adressent au lieutenant-colonel de l'arme. Ils reçoivent aussi, chaque dimanche, la situation hebdomadaire des compagnies ou escadrons sous leurs ordres et les transmettent le jour même à leur lieutenant-colonel respectif.

Art. 14.

Rondes des postes.

Les chefs d'escadron concourent avec les lieutenants-colonels pour le service de ronde.

Art. 15.

Service de semaine.

§ 1er. Un chef d'escadron de chaque arme est commandé pour le service de semaine. Ces officiers supérieurs assistent tous les jours au rapport.

§ 2. Chaque jour, un des chefs d'escadron de semaine fait la visite des casernes, en se conformant aux dispositions de l'art. 8 (lieutenants-colonels).

Art. 16.

Détachements.

Les chefs d'escadron concourent, à tour de rôle, pour le service de détachement, lorsque le détachement est composé de militaires des deux armes : dans le cas contraire, chaque chef d'escadron marche avec les militaires de la sienne. Le service terminé, ils adressent au colonel un rapport indiquant les événements survenus, l'heure où le service a commencé et l'heure à laquelle il a fini. Ils y joignent les rapports des officiers placés sous leurs ordres. Lorsqu'ils se trouvent sous les ordres d'un lieutenant-colonel, leur rapport est adressé à cet officier supérieur qui le transmet au colonel.

MAJOR.

ART. 17.

Le major est chargé de tout ce qui est relatif au recrutement du corps. Il porte, en outre, une attention particulière à ce qui concerne la surveillance à exercer sur la tenue du registre relatif à la statistique des familles des militaires du corps.

CAPITAINE INSTRUCTEUR.

ART. 18.

Instruction équestre des officiers d'infanterie.

Le capitaine instructeur est chargé de l'instruction équestre des officiers d'infanterie et des sous-officiers de la même arme, candidats pour sous-lieutenant, sous la surveillance du lieutenant-colonel de cette arme. Il lui remet, le premier jour de chaque mois, un rapport sur cette instruction.

ART. 19.

Opérations à faire par le vétérinaire.

Lorsque l'autorisation de faire une opération importante sera demandée par le vétérinaire, le capitaine instructeur la soumettra au colonel par l'intermédiaire du lieutenant-colonel de cavalerie qui donnera son avis. Il en sera de même pour toutes les autres demandes que peut avoir à faire le capitaineinstructeur. En cas d'urgence, ces demandes sont faites par la voie du rapport journalier, à la condition d'en informer, sans délai, le lieutenant-colonel de cavalerie, s'il n'est pas de semaine, et en faisant également prévenir le capitaine de l'escadron intéressé.

ART. 20.

Cas où le capitaine instructeur accompagne le lieutenant-colonel.

Toutes les fois que le colonel n'est pas présent sous les armes, le capitaine instructeur accompagne le lieutenant-colonel qui le remplace.

ADJUDANTS-MAJORS.

ART. 21.

Adjudants-majors, service de semaine.

§ 1er. Les capitaines adjudants-majors des deux armes concourent entre eux pour le service de semaine, à l'exception de celui qui est chargé de l'expédition des ordres du service.

§ 2. Le capitaine adjudant-major de semaine assiste tous les jours au rapport. Il visite les casernes où les fonctions de capitaine de semaine sont remplies par des lieutenants.

§ 3. Quand le colonel en donne l'ordre, l'adjudant-major de semaine, en raison de la spécialité de son service, se rend indistinctement dans toutes les casernes pour y faire l'appel des piquets permanents ou éventuels.

§ 4. Le dimanche matin, l'adjudant-major de semaine adresse au chef d'escadron de semaine de son arme son rapport hebdomadaire.

ART. 22.

Instruction théorique et pratique de l'infanterie.

§ 1er. Les adjudants-majors d'infanterie sont chargés de l'instruction théorique et pratique des sous-officiers, brigadiers et gardes candidats, ainsi que de la deuxième classe de leur bataillon.

Rapports théoriques.

§ 2. Le 29 de chaque mois, les adjudants-majors d'infanterie se font remettre par les lieutenants chargés des théories, et en triple expédition, les états théoriques (conformes au modèle adopté) des sous-officiers, brigadiers et gardes candidats avec les numéros des leçons et les notes en toutes lettres pour chacun d'eux.

Surveillance de l'instruction des tambours et trompettes.

§ 3. Un adjudant-major de chaque arme est désigné pour surveiller l'instruction des tambours et trompettes; il s'assure que les répétitions et les écoles ont lieu aux heures et jours indiqués par le tableau de travail.

ART. 23.

Détachements.

§ 1er. Les adjudants-majors ne concourent pas avec les

autres capitaines pour le service de détachement, mais ils marchent à tour de rôle avec le lieutenant-colonel ou les chefs d'escadron de leur arme.

Rondes des postes et des théâtres.

§ 2. Les adjudants-majors concourent avec les autres capitaines pour le service de ronde des postes et des théâtres.

Art. 24.

Adjudant-major chargé de l'expédition des ordres du service.

§ 1er. Un adjudant-major est chargé spécialement de commander tout le service du corps.

§ 2. L'adjudant-major chargé de ce service est sous les ordres immédiats du colonel et l'accompagne dans toute espèce de service extérieur.

§ 3. Il est personnellement responsable envers le colonel de l'exécution du service ainsi que de la transmission des ordres qui y sont relatifs.

§ 4. Il commande tous les services journaliers et éventuels, prépare à cet effet tous les ordres nécessaires et les transmet dans les casernes après les avoir soumis à l'approbation du colonel.

§ 5. Il est chargé de la tenue du registre des ordres du jour du corps, de l'état-major, de la place et de la division.

§ 6. Il établit, à la fin de chaque mois, la répartition mensuelle du service par caserne, eu égard aux effectifs de chacune d'elles.

§ 7. Il a sous ses ordres, pour l'aider dans son travail, un maréchal des logis et un garde secrétaires, ainsi qu'un brigadier d'ordres qui se rend tous les matins à l'état-major de la place.

§ 8. En cas d'urgence, il est autorisé à se servir de tous les secrétaires présents à l'état-major.

§ 9. Le poste de la préfecture de police lui fournit les ordonnances à pied et à cheval pour porter les différentes dépêches de service.

§ 10. Tous les matins, aussitôt après l'arrivée des plantons des casernes et des postes, il procède au dépouillement des rapports des différents services exécutés pendant les vingt-quatre heures. Il établit son rapport général d'après les situations journalières des compagnies et escadrons, et ensuite il se rend chez le colonel pour lui en donner une analyse verbale.

§ 11. Il accorde les changements de tour de service entre les lieutenants.

§ 12. Tous les dimanches, il fait remettre aux officiers supérieurs entrant en semaine l'état nominatif, et par caserne, des officiers entrant en semaine avec eux.

Art. 25.

Enquêtes faites par les adjudants-majors.

Les adjudants-majors sont chargés par le colonel de faire des enquêtes sur les particularités qui peuvent se produire dans les services extérieurs.

CAPITAINE D'HABILLEMENT.

Art. 26.

Le capitaine d'habillement adresse, chaque jour, au colonel

la situation journalière du grand et petit état-major, il administre la section de musique conformément au règlement du 25 août 1854 et à la décision du 5 mars 1855.

TRÉSORIER ET ADJOINT AU TRÉSORIER.

ART. 26 *bis*.

Les fonctions de capitaine trésorier et celles d'adjoint au trésorier sont définies par les ordonnances du 2 novembre 1833 sur le service intérieur des corps, et par le décret du 18 février 1863 sur l'administration de la gendarmerie.

MÉDECINS.

ART. 27.

Médecin-chef et autres.

§ 1er. Le médecin-chef est chargé de la direction et de la surveillance du service de santé; il adresse chaque jour, au colonel, un rapport général résumant le service de santé des différentes casernes.

Le médecin-chef visite les hôpitaux et établit les certificats.

§ 2. Il visite au moins deux fois par semaine les militaires aux hôpitaux; il reçoit, dans les 24 heures, des compagnies ou escadrons, les numéros de la salle et du lit des hommes entrés à l'hôpital; il assiste aux opérations majeures qui leur sont pratiquées, établit les certificats de visite, provoque les ordres et fait tout ce qui est de sa compétence dans l'intérêt de la santé des militaires; il visite tous les matins à

8 heures 1/2, à l'État-Major, les militaires nouvellement admis au corps et se rend au rapport chez le colonel.

Soins donnés aux femmes et aux enfants des militaires du corps.

§ 3. Les médecins doivent leurs soins à tous les militaires du corps, à leurs femmes et à leurs enfants.

Chaque médecin consigne sur son rapport journalier les visites en ville qu'il a faites pendant les vingt-quatre heures.

Prises d'armes.

§ 4. Dans les réunions où tout le corps est assemblé, tous les médecins y assistent; lorsque les réunions sont partielles, le médecin-chef désigne le ou les médecins qui doivent s'y trouver.

Revues.

§ 5. Les médecins prennent les places qui leur sont assignés par les règlements du 12 juin 1875 sur les manœuvres de l'infanterie et du 5 mars 1872 sur les exercices de la cavalerie.

PHARMACIEN.

ART. 27 *bis*.

Le pharmacien reçoit directement du colonel tous les ordres relatifs à son service.

VÉTÉRINAIRES.

ART. 28.

§ 1er. Le règlement du 12 juin 1852 établit les devoirs des vétérinaires.

§ 2. Le vétérinaire en premier assiste au rapport les mardis, jeudis et samedis. Il dirige le service des vétérinaires en deuxième.

Art. 29.

Certificats à dresser.

§ 1er. Le vétérinaire en premier dresse les certificats pour les chevaux susceptibles d'être réformés, pour constater les blessures reçues par les chevaux dans un service commandé, etc...., et donne son avis sur les propositions de réforme faites par les capitaines d'escadron.

Prises d'armes.

§ 2. Lorsque tous les escadrons sont réunis, les vétérinaires sont présents.

§ 3. Pour les réunions partielles ou les manœuvres, l'un des deux est tenu d'y assister.

Revues.

§ 4. Aux revues, les vétérinaires se placent comme il est dit dans le règlement provisoire du 5 mars 1872 sur les exercices de la cavalerie.

CHEF DE MUSIQUE.

Art. 30.

Le règlement du 25 août 1854 et la décision impériale du 5 mars 1855 définissent les devoirs, droits et attributions du chef de musique.

CAPITAINES.

Art. 31.

Capitaines.

§ 1er. Les capitaines font tenir un registre destiné à recevoir les inscriptions prescrites à l'art. 17 de la présente instruction relatif à la statistique des familles.

Revues trimestrielles d'habillement.

§ 2. Les capitaines passent une revue générale d'habillement, d'équipement, etc., du 5 au 9 du dernier mois de chaque trimestre et en adressent le résultat au major, le 10 du même mois.

Solde chez le trésorier.

§ 3. Les capitaines, pour toucher la solde chez le trésorier et la répartir aux ayants droit de leur compagnie ou escadron, se conforment aux dispositions du règlement spécial d'administration.

§ 4. En cas d'absence pour cause de service ou de maladie, le capitaine est remplacé par le plus ancien lieutenant sous ses ordres.

Art. 32.

Militaires manquant aux appels.

Dès qu'un militaire manque aux appels, le capitaine le fait rechercher et prend tous les renseignements nécessaires pour arriver à le découvrir et le faire arrêter

Il adresse un rapport au colonel sur le résultat de son enquête, qui doit faire connaître quel a été l'emploi du temps pendant l'absence illégale de l'homme. A l'expiration des délais réglementaires, le capitaine adresse au major le signalement n° 1 de l'homme déclaré déserteur.

Art. 33.

Remplacement des sous-officiers et brigadiers.

Lorsque plusieurs sous-officiers ou brigadiers sont absents à la fois pour un certain temps, le capitaine propose au colonel, sur la situation journalière, leur remplacement momentané par le plus ancien brigadier ou garde.

Art. 34.

Assignations.

Le capitaine veille à ce que les hommes assignés comme témoins devant les tribunaux ne soient empêchés par aucun service le jour designé pour l'audience.

Art. 35.

Chevaux des hommes absents.

§ 1er. Les chevaux des hommes absents pour un certain temps pourront être confiés à des hommes démontés en se conformant aux dispositions de l'art. 229 du décret du 1er mars 1854. (*Gendarmerie.*)

Pansage des chevaux des hommes absents avec solde entière.

§ 2. Les cavaliers absents qui n'ont pas pourvu, par un

arrangement particulier, aux soins à donner à leurs chevaux, subissent une retenue de 5 fr. par mois sur leur rappel de solde. Cette somme est versée à l'ordinaire de l'escadron.

Art. 36.

Objets dont les chambrées doivent être pourvues au compte de l'ordinaire.

§ 1er. Les capitaines veillent à ce que chaque chambrée soit constamment pourvue :

1° D'un gobelet en métal; 2° d'un pot à eau; 3° d'une cruche; 4° d'une gamelle; 5° d'une salière et poivrière; 6° d'un miroir; 7° d'un chandelier avec mouchette et porte-mouchettes; 8° d'une charrue pour les buffleteries; 9° d'une baguette en bois pour le nettoyage des canons de fusil; 10° de baguettes en bois pour battre les couvertures; 11° d'une tinette en zinc pour les bains de pieds; 12° d'un ratelier pour placer les couverts; 13° d'un arrosoir; 14° des pancartes réglementaires et particulières au corps. Indépendamment de ces objets, chaque compagnie ou escadron est pourvu de deux baquets à blanc, de deux scies avec deux chevalets, de deux merlins, de deux jeux de marques et d'une boîte grillée et fermée servant à afficher le service. (*Cette boîte doit être placée dans l'endroit le plus apparent du casernement de la compagnie ou de l'escadron.*)

§ 2. La cavalerie a, en outre, un certain nombre de paires d'embauchoirs pour les grosses bottes et de brunissoirs pour les casques.

Art. 37.

Armement des nouveaux admis.

Le capitaine fait armer les nouveaux admis dans les quarante-huit heures.

Art. 38.

Deuil de famille.

Le capitaine autorise les militaires sous ses ordres à porter le deuil de famille; il en rend compte sur la situation journalière.

Art. 39.

Indemnité pour perte ou détérioration d'effets.

Le capitaine fait dresser sans retard le procès-verbal constatant la nature de la perte ou de la dégradation, ainsi que les causes qui l'ont produite. Ce procès-verbal devra être présenté dans le délai de cinq jours au visa du sous-intendant militaire pour être mis à l'appui de la proposition d'indemnité qui aura été fixée par la commission déléguée du conseil d'administration sous la présidence du major.

Art. 40.

Constatation des blessures reçues dans le service.

§ 1er. Les blessures reçues dans le service par les hommes ou les chevaux, sont constatées par le procès-verbal (en double expédition) du chef du service commandé, relatant les circonstances dans lesquelles se sont produits les accidents et par des certificats des médecins ou vétérinaires, suivant le cas, constatant l'origine et la gravité des blessures.

§ 2. Ces pièces sont adressées au colonel pour servir à l'établissement des droits à faire valoir, ou de toute autre proposition qu'elles pourraient motiver.

Art. 41.

Tours de service.

Les capitaines concourent par caserne pour le service de semaine, et sur tout le corps pour le service de détachement et les rondes en se conformant d'ailleurs à ce qui sera dit aux art. 43, 47 et 48 ci-après.

Art. 42.

Distribution du bois et du charbon.

§ 1er. Chaque semaine, un capitaine d'infanterie est commandé à tour de rôle pour la distribution du bois et du charbon.

Distribution de fourrages.

§ 2. Un capitaine de cavalerie est également commandé, chaque semaine, à tour de rôle pour la distribution des fourrages.

Art. 43.

Capitaine de semaine.

§ 1er. Dans chaque caserne, un capitaine est commandé pour le service de semaine,

§ 2. Lorsqu'il y a moins de trois capitaines pour concourir au service de semaine, ils sont suppléés dans ces fonctions par le plus ancien des lieutenants de semaine pour un ou deux tours selon le cas.

Le capitaine de semaine fait les fonctions d'adjudant-major de cavalerie.

§ 3. Le capitaine de semaine joint à ses fonctions habituelles celle d'adjudant-major de semaine de cavalerie.

Responsabilité du capitaine de semaine.

§ 4. Le capitaine de semaine est responsable de tous les détails du service; s'il est obligé de s'absenter de la caserne pour un service commandé, il se fait remplacer par le plus ancien lieutenant de semaine auquel il donne ses instructions. S'il a besoin de s'absenter pour affaires personnelles, il en demande l'autorisation à son chef d'escadron de semaine et est remplacé de la même manière.

Surveillance du capitaine de semaine.

§ 5. Le capitaine de semaine surveille les écoles et salles d'armes en ce qui concerne la police et la tenue des hommes; il s'assure que l'éclairage des cours, corridors et écuries ne laisse rien à désirer.

Tonnes d'écuries.

§ 6. Les tonnes à eau des écuries doivent être remplies chaque soir après le pansage; tous les samedis elles sont vidées, nettoyées à fond et remplies. En hiver, les chevaux sont abreuvés dans les écuries.

Art. 44.

Eau potable.

Si l'eau potable vient à manquer, le capitaine de semaine fait prévenir l'officier chargé du casernement qui fera immédiatement toutes les démarches nécessaires près de l'administration municipale pour obtenir la quantité d'eau suffisante aux besoins de la caserne, remettra, s'il y a lieu, un bon signé de lui et rendra compte au major.

Art. 45.

Rapport du capitaine de semaine.

Tous les matins à cinq heures, le capitaine de semaine adresse au colonel son rapport spécial, avec toutes les pièces qui ont été remises à l'adjudant par les chefs des différents services de la caserne.

Art. 46.

Service éventuel.

Pour tout événement grave et d'urgence, réquisitions de l'autorité, etc., le capitaine de semaine adresse sans retard au colonel un rapport indiquant les mesures qu'il a prises, la force du détachement qu'il a formé, sa mission, l'heure de sa sortie, le nom de celui qui le commande et ce qu'il connaît de l'événement.

Art. 47.

Service de détachement.

Les capitaines des deux armes concourent ensemble pour

le service de détachement et se conforment à ce qui est dit à l'art. 16 pour les chefs d'escadron. Le capitaine de détachement, placé sous les ordres d'un officier supérieur, adresse son rapport à cet officier supérieur, après y avoir joint ceux des chefs des détachements sous ses ordres.

Art. 48.

Rondes des postes.

§ 1er. Les capitaines des deux armes et les adjudants-majors concourent ensemble pour le service des rondes des postes. Ce service est toujours fait à cheval et en tenue de service.

Ordonnances à cheval pour escorter les capitaines de ronde.

§ 2. Les capitaines de ronde appartenant à des casernes où il n'y a point de cavalerie, demandent, par écrit, au chef du poste de la préfecture de police, une ordonnance à cheval pour les escorter, en indiquant l'heure à laquelle ces ordonnances devront aller les prendre.

§ 3. Les capitaines de ronde se conforment pour ce service au règlement sur le service des places; ils s'assurent, en outre, que la théorie prescrite a été faite aux hommes, que les consignes sont bien connues et comprises, et enfin que la quantité de bois d'économie est régulièrement portée sur la feuille destinée à cette inscription.

Art. 49.

Rondes des théâtres.

§ 1er. Les capitaines des deux armes et les adjudants-majors concourent ensemble au service de ronde des théâtres.

§ 2. Le capitaine de ronde doit constater la présence des hommes et inspecter leur tenue; il s'assure si les consignes sont bien exécutées, s'il n'y a point de plaintes ou d'observations de la part des contrôleurs, etc., et il indique l'heure de son passage sur le rapport du chef de poste et sur le sien.

LIEUTENANTS.

Art. 50.

Lieutenants.

§ 1er. Le lieutenant veille à ce que les nouveaux admis soient promptement instruits par les sous-officiers et brigadiers sur tous les détails du service spécial; il les interroge souvent pour s'assurer de leurs progrès.

§ 2. Le plus ancien lieutenant a la surveillance des détails de l'ordinaire. Il vérifie le livret le premier jour de chaque quinzaine.

Art. 51.

Service de semaine.

Le lieutenant de semaine vérifie chaque jour, après la parade, le registre du service du maréchal des logis de semaine et s'assure, en le signant, que tous les services ordonnés pour la journée sont inscrits, les hommes nominativement désignés, ainsi que le poste où chacun doit être de service.

Lieutenant de semaine commandé de service.

Le lieutenant de semaine commandé pour un service est

remplacé dans le service de semaine par le lieutenant suivant; dans ce cas, le maréchal des logis chef rend l'appel du soir. Lorsqu'il n'y a qu'un lieutenant dans une compagnie, il assiste tous les matins à l'appel de 9 heures et à la parade, et, comme dans le cas précédent, l'appel du soir est rendu par le maréchal des logis chef.

Art. 52.

Tours de service.

Pour les différents services, les lieutenants sont commandés, à tour de rôle, dans l'ordre suivant:

1° La garde; 2° le piquet; 3° la ronde; 4° les détachements pour service d'ordre.

Art. 53.

Service de garde.

Les lieutenants des deux armes concourent ensemble, à tour de rôle, pour le service de garde. Ils défilent à la tête de la garde lorsqu'elle est fournie par leur caserne; dans le cas contraire, ils assistent à la parade de leur caserne et se rendent ensuite à proximité du poste où ils prennent le commandement de leur troupe.

Les officiers de cavalerie montent la garde en chapeau et avec l'épée.

Art. 54.

Service de piquet.

§ 1er. Les lieutenants de semaine d'infanterie concourent ensemble dans chaque caserne pour le service de piquet.

§ 2. Lorsqu'il y a moins de trois lieutenants d'infanterie pour concourir à ce service, les maréchaux des logis chefs sont commandés, à tour de rôle, pour suppléer cet officier.

§ 3. Le lieutenant de piquet défile à la tête de son piquet, s'il est de plus de 20 hommes ; ce service dure 24 heures ; pendant ce temps, l'officier se tient constamment chez lui, ou à la caserne, prêt à marcher.

§ 4. Le lieutenant de piquet ne peut permettre aux hommes sous ses ordres de se faire remplacer que momentanément.

Art. 55.

Service des rondes.

§ 1er. Les lieutenants concourent ensemble et à tour de rôle pour le service de ronde des postes ; ils se conforment au service des places.

§ 2. Ils ne visitent que les postes commandés par les sous-officiers et brigadiers et se conforment aux prescriptions de l'art. 48, § 3.

§ 3. Les postes ne prennent pas les armes pour les rondes des lieutenants. Le factionnaire placé devant les armes prévient le chef de poste de l'arrivée de ces officiers aussitôt qu'il les aperçoit ; le chef de poste avertit ses hommes, fait observer le silence et se présente à l'officier.

Art. 56.

Service de détachement.

Les lieutenants des deux armes concourent ensemble pour le service de détachement (voir l'art. 47).

Détachements imprévus.

Dans les services imprévus et immédiats à pied, l'officier de piquet marche avec le premier détachement; si le détachement est à cheval, il est commandé par le plus ancien officier de semaine de cavalerie présent. Les officiers, à moins de circonstances exceptionnelles, ne doivent pas marcher deux fois de suite. Un tour est marqué à tout officier sorti de la caserne à la tête d'un détachement.

ART. 57.

Service pour les grandes fêtes.

Pour les services d'ordre, les lieutenants donnent connaissance de leur consigne à leurs sous-officiers, désignent un point de réunion, établissent leur service et vérifient ensuite si chacun est à son poste et si les consignes sont bien comprises; ils surveillent l'ensemble de leur service, se tiennent en vue et se présentent aux officiers supérieurs et capitaines, sous les ordres desquels ils sont placés, chaque fois que ceux-ci passent à leur portée, afin de recevoir leurs ordres.

Exécution des consignes.

Aux heures indiquées par la feuille de service, les officiers font exécuter les consignes, en recommandant à leurs subordonnés — fermeté et politesse tout à la fois.

Les commissaires de police et officiers de paix doivent rester étrangers au commandement de la troupe.

Si quelques modifications doivent être apportées aux

consignes, elles sont indiquées par les commissaires de police ou officiers de paix, qui en prennent toute la responsabilité. Toutefois, les officiers de service, bien qu'usant à l'égard de ces fonctionnaires de déférence et de conciliation, ne souffrent pas qu'ils exercent un commandement sur la troupe.

Art. 58.

Casernement.

Un lieutenant dans chaque caserne est chargé de tout ce qui est relatif au casernement, sous la direction du major auquel il rend compte de tous les travaux à exécuter ou en cours d'exécution; il exprime son opinion sur la manière dont ces travaux sont effectués.

Revue mensuelle.

Indépendamment de la visite trimestrielle du casernement et de la literie, prescrite par le règlement du 2 novembre 1833, l'officier de casernement passe chaque mois, accompagné des fourriers, dans tout le casernement, pour constater les réparations à faire exécuter, tant à la literie qu'au casernement. Le résultat de cette revue mensuelle est consigné dans son rapport au major.

Si, dans l'intervalle de ces revues, des réparations urgentes deviennent nécessaires, l'officier de casernement peut s'adresser directement soit au capitaine du génie, soit au garde du génie chargé de l'entretien de la caserne, en rendant compte immédiatement au major.

Art. 59.

Armement.

Un lieutenant pour tout le corps est chargé de l'armement; il se conforme aux dispositions du règlement spécial du 1er mars 1854.

ADJUDANTS.

Art. 60.

Adjudant de semaine.

§ 1er. L'adjudant de chaque caserne est toujours de semaine. Il est sous les ordres immédiats des capitaines de semaine.

§ 2. En commandant le service, il fait connaître aux sous-officiers et brigadiers le nom des officiers sous les ordres desquels ils sont placés.

§ 3. A la rentrée des détachements, l'adjudant reçoit et réunit les consignes ou rapports qu'il adresse immédiatement au bureau de l'adjudant-major chargé du service.

Éclairage général.

§ 4. Il s'assure que l'éclairage des cours, corridors et écuries fonctionne avec régularité ; que le concierge de la caserne et le maréchal des logis de garde exécutent, chacun en ce qui le concerne, les consignes particulières qui leur sont données.

§ 5. Dans le cas où l'éclairage viendrait à manquer, il fait chercher le préposé de l'administration du gaz chargé de ce service et rend compte au capitaine de semaine.

Comptes à rendre au capitaine de semaine.

§ 6. Pour toute espèce de service à fournir, il prend les ordres du capitaine de semaine; il lui rend compte immédiatement de tout événement survenu, soit à la caserne, soit à proximité, et le prévient de la visite des officiers supérieurs.

ART. 61.

Rapport de l'adjudant.

Chaque matin, il réunit toutes les pièces et rapports de la caserne et les fait porter, par un planton, à l'état-major du corps, où ils doivent parvenir à 5 heures 1/4 du matin.

ART. 62.

Registre des hommes punis.

L'adjudant est chargé du registre des hommes punis de sa caserne. Aucune surcharge ou rature n'est faite sur ce registre. L'expiration d'une punition est indiquée par une croix, à la gauche du nom de l'homme, et par la date de cette expiration dans la colonne à ce destinée.

ART. 63.

Pensions des sous-officiers.

§ 1er. Les adjudants font de fréquentes visites pour s'assurer de la bonne tenue de la salle à manger et de la cuisine des sous-officiers.

§ 2. Les sous-officiers en ménage pourront tirer leur nourriture des pensions en payant un supplément réglé d'avance par le colonel.

Art. 64.

Cas de sortie.

L'adjudant qui obtient du capitaine de semaine l'autorisation de sortir, ou qui sort pour le service, est remplacé par le maréchal des logis chef de petite semaine, faisant fonctions d'adjudant, auquel il donne les instructions nécessaires.

Art. 65.

Rondes des bals publics.

§ 1er. Les adjudants, lorsqu'ils sont commandés, visitent les bals publics pour s'assurer de l'exactitude et de la bonne tenue des hommes qui y sont de service et recevoir les plaintes ou réclamations. Ce service est rétribué, par les chefs d'établissements, conformément au tarif arrêté par le préfet de police.

§ 2. Lorsque le colonel le juge à propos, les adjudants peuvent être aidés, dans ce service, par des sous-officiers. Ceux-ci ne sont pas rétribués.

Art. 66.

Répartition du service.

Le dernier jour du mois, l'adjudant de chaque caserne reçoit, de l'adjudant-major chargé du service, la situation mensuelle du service que sa caserne doit fournir le mois suivant.

Il transcrit cette situation sur un registre spécial et y ajoute tous les services supplémentaires qui ont pu survenir dans le courant du mois.

Le dernier jour de chaque mois, il règle, avec les maréchaux des logis chefs, la répartition de tous les services à fournir pendant le mois, en tenant compte de l'effectif de chaque compagnie ou escadron.

Soins à prendre en commandant le service.

Les adjudants commandent le service de manière que chaque poste soit composé d'hommes de la même arme, et, s'il est possible, de la même compagnie ou du même escadron. Pour les théâtres et les bals, ils font partir les détachements assez tôt pour être rendus à leur poste une heure avant l'ouverture des bureaux. Les adjudants lisent tous les jours les affiches des théâtres apposées au mur des casernes afin de connaître les établissements qui font relâche et n'y point envoyer de service.

Art. 67.

Tours de service journalier commandés par l'adjudant.

§ 1er. Les tours de service sont établis ainsi qu'il suit :

Pour l'infanterie : 1° la garde, 2° le piquet, 3° les théâtres et les bals.

Pour la cavalerie : 1° la garde à cheval, 2° la garde à pied et garde d'écurie, 3° le piquet, 4° les théâtres et les bals.

§ 2. Les sous-officiers des deux armes concourent ensemble pour la garde de police et le service des théâtres.

Art. 68.

Plantons à la police.

Tous les jours, du réveil à l'appel du soir, un homme par compagnie et escadron, pris à tour de rôle parmi les hommes de piquet, est de planton au corps de garde. Le service de ces plantons consiste à porter les différents rapports, à conduire les étrangers qui se rendent chez les officiers logés à la caserne et à appeler les sous-officiers et gardes qui sont demandés à la porte, etc., etc.

Art. 69.

Transmission des ordres et décisions.

§ 1er. A moins de circonstances exceptionnelles, l'adjudant n'assiste pas au rapport général; il y est remplacé par le maréchal des logis chef de semaine, à qui il remet son carnet de décisions.

§ 2. Au retour de ce sous-officier, l'adjudant communique son carnet au capitaine de semaine, transmet les ordres qui doivent être exécutés immédiatement et va, sans perdre de temps, communiquer les ordres et décisions aux officiers de l'état-major logés dans sa caserne. Il les fait communiquer à ceux logés en ville, soit par le fourrier de semaine, soit par un sous-officier de planton, suivant le cas.

§ 3. Il veille à ce que le fourrier de semaine se rende, à une heure, à l'état-major du corps, porteur de son carnet de décision et du livre d'ordres.

ART. 70.

Registres d'ordres.

L'adjudant tient le registre d'ordres de sa caserne, qu'il présente à la signature des officiers de l'état-major. Ce registre doit être constamment à jour, ainsi que le carnet de décision.

ART. 71.

Remplacement de service.

L'adjudant accorde les remplacements de service aux sous-officiers et brigadiers; il en rend compte au capitaine de semaine et prévient de ce changement le maréchal des logis chef de la compagnie ou de l'escadron.

ART. 72.

Services éventuels.

Les services éventuels ordonnés par l'état-major sont commandés en dehors des piquets; l'adjudant les répartit également entre les compagnies ou escadrons de sa caserne, d'après l'effectif de chacun.

ART. 73.

Balayeurs.

L'adjudant a sous sa direction les balayeurs civils pour tout ce qui a rapport à la propreté intérieure et extérieure des casernes.

ART. 74.

Mot d'ordre.

En l'absence du capitaine de semaine, l'adjudant donne le mot d'ordre aux chefs de poste des théâtres et bals.

ART. 75.

Batteries ou sonneries du service journalier.

Tableau des batteries ou sonneries du service journalier :

Service d'hiver.

Heures du service d'hiver, du 1er octobre au 31 mars.

5 h. 1/4, envoi des rapports à l'état-major.
6 heures, le réveil.
6 h. 1/4, déjeûner des chevaux *(arrivée des rapports à l'état-major)*.
6 h. 3/4, demi-appel pour le pansage.
7 heures, appel et pansage *(et ouverture des portes de la caserne)*.
8 — sonnerie pour les maréchaux des logis chefs *(pour le rapport à l'état-major)*.
8 h. 1/4, repas des hommes prenant le service.
8 h. 1/2, soupe.
8 h. 3/4, assemblée.
9 h. 10m. rappel aux tambours et trompettes.
9 h. 1/4, appel de l'infanterie et défilé de la garde.
9 h. 1/2, repas des sous-officiers *(cours élémentaire)*.
11 heures, promenade des chevaux *(affichage du service)*.

11 h. 3/4, cours de rédaction.
12 heures, dîner des chevaux (*exercice de la deuxième classe*).
1 h. 3/4, demi-appel.
2 heures, appel et pansage.
3 — départ des porteurs de soupe.
3 h. 1/4, repas des militaires de service dans les théâtres.
3 h. 3/4, parade des théâtres.
4 heures, soupe.
4 h. 1/4, repas des sous-officiers.
7 heures, souper des chevaux.
» retraite à l'heure fixée par la place.
9 heures, appel du soir et fermeture des portes.
10 — rentrée des sous-officiers.
10 h. 1/2, extinction des feux.

Service d'été.

Heures du service d'été, du 1er avril au 30 septembre.

5 heures, le réveil.
5 h. 1/4, déjeûner des chevaux (*arrivée des rapports à l'état-major*).
5 h. 3/4, demi-appel pour le pansage.
6 heures, appel et pansage (*ouverture des portes*).
6 h. 1/2, exercice de la deuxième classe (*infanterie*).
7 h. 1/4, promenade des chevaux.
8 heures, sonnerie pour les maréchaux des logis chefs (*pour le rapport à l'état-major*).
8 h. 1/4, repas des hommes prenant le service.
8 h. 1/2, soupe.
8 h. 3/4, assemblée.

9 h. 10m. rappel aux tambours et trompettes.
9 h. 1/4, appel pour l'infanterie et défilé de la garde.
9 h. 1/2, repas des sous-officiers et cours élémentaire.
11 heures, affichage du service.
11 h. 3/4, cours de rédaction.
12 heures, dîner des chevaux.
1 heure, exercice de la deuxième classe.
1 h. 3/4, demi-appel pour le pansage.
2 heures, appel et pansage.
3 heures, départ des porteurs de soupe.
3 h. 1/4, repas des militaires de service dans les théâtres.
3 h. 3/4, parade des théâtres.
4 heures, soupe.
4 h. 1/2, repas des sous-officiers.
7 h. 1/2, souper des chevaux.
» retraite à l'heure fixée par la place.
9 h. 1/2, appel du soir et fermeture des portes.
10 h. 1/2, rentrée des sous-officiers.
11 heures, extinction des feux.

Art. 76.

Ration des chevaux.

Répartition de la ration des chevaux.

En temps ordinaire.

Au réveil, un tiers de foin.

Après le pansage, faire boire, donner une demi-ration d'avoine, un tiers de paille.

Après la rentrée de la promenade, un tiers de foin.

Après le pansage de deux heures, faire boire, une demi-ration d'avoine, un tiers de paille.

Au souper, un tiers de foin, un tiers de paille.

Pendant la saison des manœuvres.

Au réveil, un tiers d'avoine.

Après la manœuvre, un tiers de foin.

Une heure après, bouchonner, faire boire, et donner un tiers d'avoine, un tiers de paille.

A deux heures, pansage, faire boire, donner un tiers d'avoine, un tiers de paille.

Au souper, deux tiers de foin, un tiers de paille.

MARÉCHAUX DES LOGIS CHEFS.

Art. 77.

Carnet du maréchal des logis chef.

§ 1er. Le maréchal des logis chef est pourvu d'un carnet conforme au modèle adopté sur lequel les décisions et le service sont inscrits. Il présente le carnet tous les jours à la rentrée du rapport, au visa de son capitaine, et le fait présenter de suite, par le maréchal des logis de semaine, au visa des officiers de la compagnie ou de l'escadron.

Maréchal des logis chef de semaine et fonctionnaire adjudant.

§ 2. Le maréchal des logis chef, appartenant à la compagnie ou à l'escadron du capitaine de semaine, est aussi de semaine comme fonctionnaire suppléant l'adjudant. Il remplace le titulaire toutes les fois qu'il est de service ou autorisé à sortir de la caserne, il vient tous les jours au rapport avec le carnet de l'adjudant sur lequel il transcrit les ordres et décisions du colonel.

ART. 78.

Contrôle pour commander le service.

§ 1er. Pour qu'aucun poste ne se trouve totalement composé de nouveaux admis, le contrôle, pour commander le service, sera établi de la manière suivante :

§ 2. Le plus ancien garde prend le n° 1 du contrôle, le moins ancien le n° 2, le 2e plus ancien le n° 3, l'avant-dernier, par rang d'ancienneté, le n° 4 et ainsi de suite. Ce contrôle doit être renouvelé à chaque trimestre : les hommes qui arrivent dans cet intervalle sont intercalés de distance en distance.

Tours de service.

§ 3. Pour les tours de service, se reporter à ce qui est dit à l'art. 67 (*Adjudants*).

Rapports et imprimés.

§ 4. Toutes les pièces de comptabilité ou autres doivent être établies d'après les formats ou imprimés adoptés par le corps; il est interdit aux maréchaux des logis chefs d'en vendre aux gardes; ceux-ci doivent se pourvoir eux-mêmes de tous les imprimés dont ils peuvent avoir besoin.

ART. 79.

Hommes entrant à l'hôpital.

Les maréchaux des logis chefs doivent envoyer, chaque

matin, avec le rapport, pour être remis au médecin-chef du corps, un bulletin indiquant le nom des hommes entrés à l'hôpital, depuis vingt-quatre heures, ainsi que le numéro de la salle et du lit qu'ils occupent.

Art. 80.

Nouveaux admis.

§ 1er. Les maréchaux des logis chefs d'infanterie adressent, dans les vingt-quatre heures, à l'adjudant-major de leur bataillon, un bulletin indiquant les noms des nouveaux admis, la date de leur arrivée au corps et le régiment d'où ils sortent.

§ 2. Dans la cavalerie, les maréchaux des logis chefs adresseront un bulletin semblable au capitaine instructeur.

Art. 81.

Manœuvres et revues.

Les maréchaux des logis chefs assistent aux manœuvres; ceux de la cavalerie montent les chevaux des hommes absents ou malades, par application de l'art. 229 du décret du 1er mars 1854 (*Gendarmerie*).

Art. 82.

Prix du remplacement dans le service.

Le prix du remplacement dans le service est fixé dans dans l'instruction municipale. chapitre IV.

Art. 83.

Liste des postes occupés par le corps.

Les maréchaux des logis chefs tiennent à la disposition des officiers la liste exacte des postes qu'ils doivent visiter lorsqu'ils sont de ronde.

MARÉCHAUX DES LOGIS.

Art. 84.

Maréchaux des logis de semaine.

§ 1er. Le maréchal des logis de semaine n'est point commandé de service. Il tient avec exactitude le registre journalier sur lequel il inscrit avec le plus grand soin les noms des hommes de service et les noms des postes qui leur sont assignés. Il y inscrit également les ordres et décisions qui concernent exclusivement sa compagnie ou son escadron ; il le signe et le soumet, à l'heure de la parade, au visa du lieutenant de semaine, ainsi qu'il est dit ci-avant à l'art. 51 (*Lieutenants*).

Décisions et ordres.

§ 2. Le maréchal des logis de semaine communique aux lieutenants les décisions du rapport et les ordres qui arrivent dans la journée. Dans ce dernier cas, s'il ne trouve pas les officiers à leur logement il y laisse une note.

Art. 85.

Service de garde.

§ 1er. Tous les maréchaux des logis de la même caserne

concourent, par arme, pour la garde èn ville, et ensemble pour la garde à la police.

Garde en ville.

§ 2. Le maréchal des logis de garde en ville se conforme au règlement sur le service des places, aux consignes particulières affichées dans les postes et au titre IV de l'Instruction municipale.

Garde à la police.

§ 3. Le maréchal des logis de garde à la police a les balayeurs civils à sa disposition pour la propreté du quartier.

Il s'assure que les ordures sont déposées par eux dans la rue avant le passage des tombereaux chargés de les enlever.

Art. 86.

Fermeture des portes de la caserne.

Il ferme lui-même les portes de la caserne, à l'appel du soir, et n'en confie les clefs à personne; il tient une note exacte des rentrées.

Art. 87.

Maréchal des logis de planton à la porte.

§ 1er. Le maréchal des logis de planton à la porte alterne, pour ce service, avec le maréchal des logis de garde à la police. L'adjudant fixe à chacun l'heure à laquelle il doit être de service.

Visites à la caserne. — Entrée des liquides.

§ 2. Le maréchal des logis de service à la porte informe

sur-le-champ l'adjudant des visites d'officiers supérieurs, des entrées de liquides pour les pensions ou cantines, et enfin de tout ce qui peut intéresser le service ou la police.

ART. 88.

Maréchal des logis de garde chargé de faire éveiller pendant la nuit les militaires qui ont un service à faire avant le réveil.

Le maréchal des logis de garde à la police est chargé de faire éveiller, par des hommes de la garde, et, autant que possible, de la compagnie ou de l'escadron, les militaires qui ont à faire un service de nuit, les plantons qui doivent porter les rapports, les plantons de cuisine, etc... A cet effet, les maréchaux des logis de semaine lui remettront, chaque soir, à l'appel, le nom de ces militaires, le numéro de leur chambre, et l'heure de leur service.

ART. 89.

Cuisines.

§ 1er. — Le maréchal des logis de garde s'assure que les fourneaux des cuisines sont allumés à l'heure fixée, et que les cuisinières, porteurs et plantons sont présents. Il est chargé de la police des cuisines; mais, pour ce service, il peut se faire suppléer ou aider par le brigadier de garde.

§ 2. Après le repas du soir, il ouvre ou fait ouvrir la cuisine par le brigadier de garde pour donner la soupe aux hommes descendant de service dont les noms lui ont été remis.

Art. 90.

Cuisinières et porteurs.

§ 1er. Le maréchal des logis de service à la porte empêche les cuisiniéres de sortir de la caserne avant la fin de leur service.

§ 2. Il s'assure que les porteurs sortent bien exactement à l'heure fixée pour porter les repas aux hommes de service en ville.

§ 3. A leur sortie de la caserne, les uns et les autres sont visités par le maréchal des logis ou le brigadier de garde ou le sous-officier de planton, afin de s'assurer qu'ils n'emportent que leur repas du soir, lequel doit être, en tout point semblable à celui des hommes de la compagnie ou de l'escadron.

Art. 91.

Rapport.

Le maréchal des logis de garde à la police remet tous les matins à l'adjudant-major son rapport particulier des vingt-quatre heures, comprenant : 1° la force du poste et le nom des hommes qui le composent; 2° le tableau indiquant l'heures de la rentrée des divers services de jour et de nuit; 3° les dégradations; 4° les rondes de jour ou de nuit faites par lui ou par le brigadier de garde, ainsi que les heures de ces rondes; 5° les heures de départ et de rentrée des détachements extraordinaires, ainsi que les noms des commandants de ces détachements; 6° un tableau indiquant la rentrée des sous-officiers et autres permissionnaires; 7° l'heure de départ et d'arrivée des ordonnances et plantons; 8° l'heure de rentrée des hommes manquant aux appels et leurs observations sur ces hommes; 9° les arrestations faites par le poste, etc., etc.

ART. 92.

Détachements.

Les maréchaux des logis, chefs des détachements, se conforment à ce qui est dit à l'art. 47 pour les officiers.

ART. 93.

Service des théâtres et bals.

Les sous-officiers de service dans les théâtres et bals se conforment aux prescriptions du chapitre V *de l'Instruction municipale.*

FOURRIERS.

ART. 94.

Fourrier de semaine.

Le fourrier appartenant à la compagnie ou à l'escadron du capitaine de semaine est aussi de semaine et se rend tous les jours à une heure à l'état-major pour copier, sur le carnet ou le livre d'ordres de l'adjudant, les décisions ou ordres survenus depuis le rapport du matin.

Manœuvres et revues.

Les fourriers assistent aux manœuvres; ceux de la cavalerie sont montés comme il est dit pour le maréchal des logis chef (art. 81).

BRIGADIERS.

Art. 95.

Les brigadiers forment les nouveaux admis aux usages et au service du corps, les instruisent sur les diverses parties du service intérieur et extérieur et leur enseignent, selon l'arme, la manière de placer les effets sur les planches, de rouler le manteau en sautoir et de le plier pour le mettre sur le cheval, de paqueter le havre-sac ou le portemanteau, de charger le cheval, etc.

Art. 96.

Placement des effets dans les chambres de l'infanterie.

Le placement des effets sur les planches, dans les chambres de l'infanterie, est réglé sur la longueur de la veste; les effets sont placés dans l'ordre suivant :

1° Sur la première planche, la capote-manteau pliée en deux, les manches se joignant et faisant un pli du côté des revers, depuis leur échancrure jusqu'au bas des basques, et un autre, depuis le bas de la taille, de sorte que la capote forme un carré long, la plier ensuite de la longueur de la veste et la placer le dos en arrière;

2° Le pantalon de drap, plié comme il est indiqué au § 1er de l'art. 97, mais de la longueur de la veste;

3° La tunique n° 1 pliée comme il est prescrit au § 5 de l'article 97;

4° La tunique n° 2 pliée de la même manière ;

5° La veste, pliée comme il est prescrit au § 7 de l'article 97;

6° Le képy, posé sur la veste, comme il est indiqué au § 8 du même article ;

7° Le havre-sac, sur la même planche, à côté et à droite des effets ;

8° Sur la seconde planche, le chapeau dans son étui, étiqueté au nom de l'homme, portant sur son cintre et présentant son écusson, et enfin le carton à aiguillettes. Le schako des hommes de piquet est placé sur son calot sur la première planche, au-dessous de son étui et à côté des effets, la plaque en avant;

9° On se conformera exactement pour le reste aux §§ 14, 15, 16 et 17 de l'art. 97.

Art. 97.

Placement des effets dans les chambres de la cavalerie.

Le pliage des effets est réglé sur la longueur du manteau placé sur le cheval (66 centimètres). Les effets sont placés dans l'ordre suivant :

1° Sur la première planche, le pantalon de tricot retourné et plié en reportant un côté sur l'autre, le pont en dedans, les coutures des côtés réunies. Le plier ensuite dans sa longueur sur celle du manteau, en rentrant le derrière de la ceinture, pour qu'il soit carré, le fond en arrière;

2° Le pantalon bleu collant, retourné, plié et placé de même ;

3° Le pantalon bleu large, plié de la même manière;

4° Les gros gants, les doigts en arrière et l'entrée en avant à chaque extrémité du paquetage;

5° La tunique n° 1, pliée ainsi qu'il suit : l'étendre sur le lit, relever les manches, les plier sur elles-mêmes à hauteur de la taille, ramener un côté de la poitrine sur l'autre, les pans de la jupe placés l'un sur l'autre, replier la jupe sur elle-même du côté du cran de la taille de manière que la tunique soit de la longueur du manteau; placer ensuite la tunique sur la charge, la poitrine en arrière, le collet tourné du côté opposé à l'entrée de la chambre;

6° La tunique n° 2, placée et pliée de la même manière que la tunique n° 1;

7° La veste d'écurie pliée ainsi qu'il suit : l'étendre sur le lit comme les tuniques, relever les manches de même, ramener les deux poitrines de manière que les boutons et boutonnières se joignent sur le milieu du dos, la replier en dedans, les poitrines l'une sur l'autre;

8° Le képi posé à plat sur la veste, la visière en avant;

9° Sur la deuxième planche, la housse pliée sur elle-même dans sa longueur la doublure en dehors, le bas en avant lorsque les planches le permettent, afin de ne pas fatiguer les cuirs qui la garnissent; dans le cas contraire, plier les devants à la hauteur de l'entre-jambe en les ramenant dessus, faire de même avec le derrière et le placer dans son travers;

10° Les chaperons à plat, les doublures en dessus;

11° Le manteau plié comme il sera indiqué plus loin, le rouge en dessous pour les jours ordinaires et en dessus pour l'inspection et visites de chambres;

12° Le casque sur un champignon mobile et à vis à droite du manteau, le porte-plumet en dehors;

13° Le chapeau dans son étui, étiqueté au nom de l'homme. L'étui portant sur son cintre et présentant son écusson, est placé à gauche du manteau, et ensuite le carton d'aiguillettes;

14° Les petites bottes accrochées derrière la tête du lit;

15° Nul autre effet ne doit être mis dans ce paquetage, ni dessous ni derrière, les malles étant destinées à recevoir les effets supplémentaires et le linge. Les cavaliers sont pourvus d'une musette renfermant les effets de pansage. Le bridon est placé entre cette musette et celle de pansage. Les sabots sous la tête du lit;

16° Il est bien entendu que l'effet dont le garde est vêtu lors de l'inspection ne sera pas remplacé sur les planches. Les housses et chaperons sont exceptés de cette mesure, ils figureront en double lorsque les gardes en seront pourvus de deux paires;

17° Tous les samedis, après le nettoyage général, les planches sont essuyées et lavées, si cela est nécessaire, avant d'y replacer les effets qui sont entièrement couverts d'une toile grise placée sur encadrement en bois et qui n'est retirée que pour les revues des chambres lorsque l'ordre de la retirer en est donné. Alors elle est pliée en plusieurs doubles et placée sur les effets de manière à ne point les déborder.

Les brides et les grosses bottes sont accrochées aux porte-brides et crochets destinés pour cet objet.

Art. 98.

Infanterie.

Manière de plier le manteau pour le porter en sautoir ou pour le placer sur le sac.

(Le manteau ayant été remplacé par la capote-manteau, voir à l'Appendice la manière de rouler cette dernière, soit pour la porter en sautoir, soit pour la placer sur le sac.)

Art. 99.

Cavalerie.

Manière de rouler le manteau en sautoir.

Le manteau étant déployé dans son entier, les pans boutonnés, la rotonde relevée en dehors, étendre les manches sur leur plat, parallèlement aux deux devants; relever et plier chacune d'elles de manière à donner d'un pli à l'autre la longueur du sabre nu, poignée comprise, plus la longueur du bas du fourreau à partir du 2me bracelet; rabattre la rotonde par-dessus les manches, de manière que les devants couvrent exactement ceux du corps du manteau et que les deux plis formés par leur ampleur se trouvent dans une direction parallèle à la ligne du milieu; relever l'extrémité inférieure du manteau, jusques et y compris la jonction des deux pans; relever également les pans l'un vers l'autre, de manière qu'ils touchent le pli des manches et qu'ils donnent au manteau la forme d'un carré long; renverser l'extrémité inférieure du manteau d'environ 19 centimètres et le rouler aussi serré que possible, en commençant par le côté du collet et appuyant le genou au fur et à mesure sur la partie roulée pour la contenir; introduire cette partie roulée dans l'espèce de portefeuille formé par la partie renversée.

Les deux extrémités du manteau sont réunies à 50mm des bouts par une petite courroie en cuir verni noir avec boucle carrée en fer étamé. Cette courroie a 23mm de largeur et 450mm de longueur y compris la boucle. (*Modifications ministérielles du 26 novembre 1872 au règlement sur le service intérieur de la gendarmerie.— Règlement provisoire sur les exercices des deux armes dans la gendarmerie départementale, 1873.*)

Art. 100.

Cavalerie.

Manière de plier le manteau pour le placer sur le cheval.

Retourner les manches du manteau, déboutonner la partie postérieure. Ramener les deux côtés l'un sur l'autre, les doublures en dehors, la rotonde sortant du côté du collet. L'étendre sur le parquet dans cette position, se placer du côté de la doublure, ayant le collet à sa droite, étendre la manche apparente sur cette doublure, de manière qu'elle ne dépasse pas la couture intérieure de cette dernière. Placer la main gauche en l'appuyant fortement sur la manche et la doublure à l'endroit où il doit être replié pour former un des petits côtés du rectangle. Placer la main droite sous le collet, le rabattre sur la main gauche et l'étendre sur la doublure; placer la seconde manche à plat sur le collet et la doublure et la replier avec l'extrémité inférieure du manteau de manière à former une longueur totale de 66 centimètres d'un petit côté à l'autre; fixer le collet et l'extrémité du manteau pour empêcher l'écartement au moment de le placer dans la poche. Saisir la doublure en dessous pour la renverser avec la rotonde sur le manteau, de manière que le pli et les coins arrivent juste à la couture de l'autre doublure pour former la poche du portefeuille; aplatir avec les genoux, arranger les coins et répartir le drap de la rotonde en plis convenables, pour que le milieu du manteau soit légèrement bombé et les bouts amincis.

Replier l'extrémité libre du manteau deux ou trois fois sur elle-même, ouvrir la poche, y introduire la partie pliée en appuyant le genou sur le milieu pour l'empêcher de sortir, ayant soin de bien pousser le drap dans les coins, aplatir le manteau avec le genou, de manière à lui donner sa forme voulue.

Nota. — Pour plier le manteau sur l'autre doublure, employer les moyens inverses. (*Modifications ministérielles du 26 novembre 1872 au règlement sur le service intérieur de la gendarmerie.*)

Art. 101.

Infanterie.

Paquetage du havre-sac.

(Voir à l'Appendice.)

Art. 102.

Cavalerie.

Paquetage du portemanteau.

(Supprimé.)

(Une décision ministérielle du 14 février 1868 a supprimé

le portemanteau et l'a remplacé, pour le service en campagne seulement, par une besace.)

Art. 103.

Cavalerie.

Manière de charger les effets pour les revues et le service journalier.

Paquetage de devant.

Sacoche gauche.	Sacoche droite.
Le revolver.	Les effets de pansage roulés dans l'époussette.
Les objets de sûreté.	

Placer les chaperons sur les sacoches et boucler fortement les contre-sanglons de manière que le chaperon adhère à la sacoche et touche le couvercle par la partie supérieure.

Mettre la couture des deux pièces de derrière de la housse sur le coussinet, engager les entre-jambes sous les quartiers de la selle; rapprocher la partie supérieure des deux devants sur le garrot; introduire le contre-sanglon dans la gaîne du devant de l'arçon pour fixer horizontalement la housse à la selle et boucler.

Passer les branches du poitrail dans les passes des sacoches et dans les œillets de la housse; fixer la traverse du poitrail à la boucle qui doit être à environ 100^{mm} du bord de la housse.

Passer la courroie de botte dans l'œillet de la housse du côté hors montoir de dessous en dessus; l'engager dans le D de l'extrémité droite du chapelet; la replier sur elle-même, et boucler de manière que le bout arrondi de la botte arrive à hauteur de la pointe de l'épaule du cheval, les deux parties de la courroie repliée sur elle-même embrassant entre elles la branche du poitrail.

Engager le fusil dans la botte et l'attacher à la selle par la courroie de dragonne qui fait deux fois le tour de la poignée, par-dessus la bretelle.

Paquetage de derrière.

Placer le manteau, la parementure en dehors et la couture en arrière, à plat sur le coussinet de la selle, l'assujettir au moyen de deux courroies de charge divisant sa longueur en trois parties égales; les serrer assez fortement pour le fixer à la selle et l'empêcher de se déranger aux mouvements du cheval; les rouleaux des deux boucles arrivant à la couture de la parementure; reployer l'extrémité des courroies sur elle-même et l'engager dans le passant coulant qui devra être ramené entre le troussequin et le manteau de manière à ne pas être vu.

Le manteau doit ne faire aucun pli et rester parfaitement horizontal, le cavalier étant en selle.

NOTA. — Aucun bout de cuir du harnachement ne doit être roulé ou replié sur lui-même, à l'exception toutefois de l'extrémité des courroies de charge.

Il ne doit être placé sous la housse, ni bridon d'abreuvoir, ni muselle de propreté. (*Modifications ministérielles du 26 novembre 1872 au règlement sur le service intérieur de la gendarmerie.—Règlement provisoire sur les exercices des deux armes dans la gendarmerie départementale, 1873.*)

Art. 104.

Brigadiers logés en ménage.

Les brigadiers logés en ménage doivent coucher dans leur chambrée. Dans aucun cas, ils ne cessent d'être responsables des devoirs de chambrée auxquels sont assujettis les autres brigadiers, tels que appels, tenue de leur escouade, etc.

Art. 105.

Brigadier d'ordinaire.

§ 1er. Les brigadiers sont désignés, à tour de rôle, pour tenir l'ordinaire. Ils ne peuvent être changés que sur l'ordre du colonel.

§ 2. Le brigadier d'ordinaire ne monte la garde qu'au poste de la police du quartier; en conséquence son tour peut être avancé ou reculé.

Art. 106.

Les militaires mariés, logés à la caserne, peuvent être dispensés de vivre à l'ordinaire.

§ 1er. Les militaires mariés et logés à la caserne peuvent être dispensés de vivre à l'ordinaire.

Les militaires ne vivant pas à l'ordinaire sont autorisés à y prendre leurs repas les jours où ils sont de service.

§ 2. Les militaires mariés, autorisés à vivre chez eux, peuvent prendre leur repas à l'ordinaire, les jours où ils sont de service, en prévenant d'avance le maréchal des logis chef, qui leur retient le prix des repas qu'ils ont reçus de l'ordinaire.

§ 3. Le prix des repas est fixé par le colonel.

Sous-officiers autorisés à vivre à l'ordinaire.

§ 4. Les sous-officiers autorisés à vivre à l'ordinaire y versent cinq centimes par jour de plus que les gardes.

Ordonnances d'officiers supérieurs et travailleurs.

§ 5. Les ordonnances d'officiers supérieurs et les travailleurs autorisés à ne pas faire de service doivent verser 8 fr. par mois à l'ordinaire.

Militaires en permission de moins de huit jours.

§ 6. Les militaires en permission au-dessous de huit jours ne sont pas défalqués de l'ordinaire.

ART. 107.

Le brigadier d'ordinaire est toujours accompagné pour les achats.

Pour tous les achats, le brigadier d'ordinaire se fait accompagner par deux gardes qui ont le droit de débattre les prix et de refuser les denrées si elles leur paraissent de mauvaise qualité.

Inscription des denrées en bloc ou en grande quantité.

Lorsque les denrées sont achetées en bloc ou en grande quantité pour plusieurs repas, l'inscription du total n'en est pas moins faite sur le livret, le jour de l'achat, en présence des hommes de corvée qui le signent. Le prix du transport, s'il y en a, est porté séparément.

Art. 108.

Responsabilité du planton de cuisine.

§ 1er. Le planton à la cuisine a mission, comme le chef d'ordinaire, de surveiller les cuisinières et de s'assurer que les denrées alimentaires destinées à chaque repas sont intégralement employées.

§ 2. A cet effet, il compte ou pèse les denrées apportées à la cuisine par les fournisseurs et les fait mettre dans les marmites en sa présence.

§ 3. Après la cuisson des aliments, il veille à ce que les cuisinières en fassent une répartition égale dans les gamelles, et il porte une attention toute particulière à ce qu'il ne soit rien détourné au préjudice de l'ordinaire.

§ 4. Avant de quitter la cuisine, il s'assure que les gamelles destinées aux hommes descendant de service sont placées sur le fourneau de façon à conserver chauds les aliments qu'elles contiennent.

Art. 109.

Dépenses au compte de l'ordinaire.

Les dépenses non prévues par l'ordonnance du 2 novembre 1833, qui peuvent être portées au livret d'ordinaire, sont :

1° Le pain ;

2° Le combustible pour la cuisine et les chambres ;

3° Le salaire de la cuisinière et du porteur, ainsi que leur nourriture;

4° L'étamage des gamelles;

5° La graisse pour les pieds des chevaux;

6° Le remplacement, d'après une autorisation du colonel, des ustensiles mentionnés à l'art. 39 *(Capitaines)*;

7° L'entretien des ustensiles de propreté dans les postes;

8° Les balayeurs, à raison de 30 centimes par homme et par mois. Les sous-officiers et gardes ne vivant pas à l'ordinaire versent 30 centimes par mois pour le balayage et les officiers logés dans la caserne en versent 60.

Art. 110.

Brigadier de semaine.

§ 1er. Le brigadier de semaine n'est point commandé de service.

§ 2. A huit heures un quart le matin et à trois heures un quart le soir, il se rend à la cuisine pour veiller, conjointement avec le maréchal des logis ou le brigadier de garde, à la distribution du repas des hommes prenant le service.

§ 3. Il remet à ce dernier les noms des militaires employés hors de la caserne qui doivent rentrer après l'heure du repas, afin que la cuisine leur soit ouverte pour prendre leurs gamelles.

§ 4. A l'heure fixée pour le départ des porteurs, le brigadier de semaine se rend à la cuisine pour veiller à ce que le dîner soit envoyé bien exactement à tous les hommes de service.

Changement dans la tenue des hommes de garde dans les postes extérieurs.

§ 5. Lorsque la tenue doit être changée dans les postes, il veille également à ce que tous les effets nécessaires à ce changement soient portés à tous les hommes.

Visite du médecin.

§ 6. Lorsque le médecin vient passer la visite des hommes, le brigadier de semaine lui remet le livret des malades et lui présente les hommes; il le conduit dans les chambres des malades qui ne peuvent se rendre à la salle de visite.

ART. 111.

Brigadier de garde à la police.

§ 1er. Les brigadiers de garde à la police se conforment à ce qui est dit pour le maréchal des logis.

Le brigadier de garde surveille les cuisines.

§ 2. Le brigadier de garde peut être chargé par le maréchal des logis chef de poste, et sous sa surveillance, de la police des cuisines, particulièrement jusqu'au réveil et aux heures qui précèdent et suivent les repas, il se conforme à ce qui est dit pour le brigadier de semaine (art. 110, §§ 2 et 3); il veille à ce qu'aucun militaire n'enlève son repas avant la batterie ou sonnerie réglementaire, fait nettoyer les cuisines, et, lorsque les gamelles vides ont été rapportées, il ferme la porte et remet la clef au maréchal des logis de garde.

ART. 112.

Service des théâtres et bals.

Les brigadiers concourent entre eux, par caserne, pour le service des théâtres et bals ; ils se conforment, pour ces services, à ce qui est dit pour les maréchaux des logis.

GARDES.

ART. 113.

Responsabilité et autorité du plus ancien.

A défaut de brigadier dans une chambrée ou dans un service, le plus ancien garde présent en a toute l'autorité et la responsabilité.

ART. 114.?

Gardes logés en ménage.

Les gardes logés en ménage doivent assister dans leurs chambrées et à leur rang aux appels, revues, corvées, etc., comme tous les autres gardes.

DEVOIRS GÉNÉRAUX ET COMMUNS AUX DIVERS GRADES.

ART. 115.

Rapport journalier.

§ 1er. Le rapport général a lieu chez le colonel.

§ 2. A cet effet, tous les matins, le lieutenant-colonel, les chefs d'escadron et l'adjudant-major de semaine, ainsi que les maréchaux des logis chefs se rendent à l'état-major du corps.

§ 3. A l'heure fixée, l'adjudant-major de semaine fait l'appel des maréchaux des logis chefs. Immédiatement après, le chef d'escadron de semaine le plus ancien prend connaissance du rapport et recueille près des maréchaux des logis chefs tous les renseignements nécessaires.

Le lieutenant-colonel reçoit le rapport du chef d'escadron; il en fait la lecture ou la fait faire à haute voix.

Il se rend ensuite chez le colonel, accompagné des chefs d'escadron et de l'adjudant-major de semaine, lui présente le rapport général et prend ses ordres.

Le major se rend directement chez le colonel.

Le colonel prononce sur les objets contenus au rapport, ainsi que sur les événements survenus dans les différents services pendant les vingt-quatre heures, et donne tous les ordres relatifs au service.

§ 4. L'adjudant-major prend note de toutes les décisions du colonel pour les dicter aussitôt aux maréchaux des logis chefs. Il fait communiquer aux officiers de l'état-major les dispositions qui les concernent.

§ 5. Les officiers de tous grades ne doivent jamais s'absenter de leurs logements ou de la caserne sans avoir pris connaissance des décisions du rapport.

Art. 116.

Visites des officiers arrivant au corps.

Les officiers qui arrivent au corps et les sous-officiers promus sous-lieutenants se présentent immédiatement au colonel et le plus promptement possible au lieutenant-colonel de leur arme, à leur chef d'escadron et à leur capitaine.

Aussitôt qu'ils sont habillés et en état de prendre leur service, ils en rendent compte par la voie du rapport et font sans retard une visite en tenue du jour à tous les officiers supérieurs et, selon le grade, aux adjudants-majors de leur arme et aux capitaines de leur caserne.

Art. 117.

Droit au logement.

§ 1er. Le colonel, le major, le capitaine adjudant-major chargé du bureau de service, le capitaine trésorier, le capitaine d'habillement et l'adjoint au trésorier sont logés dans le bâtiment réservé à l'état-major du corps, et disposé en même temps pour recevoir les bureaux du colonel, du major, du trésorier, du capitaine d'habillement, la salle du rapport, celle du conseil d'administration et le magasin d'habillement.

Un médecin et le pharmacien sont toujours logés dans les casernes où sont établies l'infirmerie et la pharmacie du corps.

§ 2. Les logements d'officiers dans les casernes sont donnés aux officiers appartenant aux bataillons, compagnies ou escadrons installés dans ces casernes.

§ 3. Le droit au logement est déterminé, selon le grade, d'après la date d'arrivée dans chaque caserne.

§ 4. Aucun officier ne peut céder ou changer son logement sans autorisation préalable du colonel.

§ 5. Lorsqu'un logement devient vacant, le choix en appartient à l'officier le plus anciennement logé dans la caserne ou, à son défaut, au premier ayant droit au logement dans ladite caserne.

§ 6. Si, avec le consentement du colonel, un officier renonce au logement auquel son ancienneté lui donne droit, il ne prend rang, pour y concourir de nouveau, que du jour de sa renonciation.

§ 7. Un officier changé d'office de caserne, dans un intérêt de service, conserve, dans sa nouvelle caserne, les droits absolus que lui donne son ancienneté.

Art. 118.

Certificats.

Il est expressément défendu à tout militaire du corps, quel que soit son grade, de signer ou délivrer des certificats ou attestations de services ou de moralité sous quelque forme et en quelques termes que ce soit.

Art. 119.

Casernes consignées.

Chaque fois que les casernes sont consignées, tous les militaires du corps, dès qu'ils en ont connaissance, rentrent dans leurs casernes et se mettent en tenue. Les officiers s'y rendent également en tenue de service et tous se tiennent prêts à marcher.

Art. 120.

Ordonnances à cheval.

§ 1er. Les officiers faisant un service à cheval sont toujours escortés par un cavalier.

§ 2. Pour un service de ronde, ce cavalier est pris dans leur caserne; mais, lorsqu'il n'y en a pas, il est demandé par écrit au chef du poste de la préfecture de police qui envoie, à l'heure indiquée par la lettre, un des cavaliers placés sous ses ordres.

Officiers de service à cheval.

§ 3. Les officiers montant à cheval, pour raison de service, sont autorisés à se faire conduire leurs chevaux par leur ordonnance, mais seulement à leur logement.

Art. 121.

Ordonnances des officiers pour panser leurs chevaux.

§ 1er. Les officiers sont autorisés à prendre dans leurs compagnies ou escadrons un garde pour panser leurs chevaux et entretenir leurs armes.

§ 2. Ces gardes ne sont dispensés d'aucun service. Ceux des officiers supérieurs sont seuls autorisés à payer leur service. Certaines éventualités obligeant les capitaines à monter instantanément à cheval, leurs ordonnances sont commandés de préférence pour le service de la garde de police, ou la garde d'écurie, ce qui leur permet, en outre, de soigner leurs chevaux. Pour ceux qui sont à la police, le chef du poste leur permet de s'absenter pour le pansage et le temps strictement nécessaire pour donner à manger aux chevaux.

Il en est de même pour les ordonnances des lieutenants de cavalerie, si toutefois le nombre d'hommes non montés permet ces changements dans les tours de service.

Art. 122.

Chiens et volailles.

Il est défendu d'avoir des chiens, des volailles ou autres animaux dans les casernes.

Art. 123.

Incendies.

§ 1er. Dans chaque compagnie, les sections sont désignées, à tour de rôle, pour marcher la nuit comme travailleurs dans le cas où un incendie viendrait à se manifester. Dans chaque escadron, un peloton à pied est désigné pour le même service. Les militaires de ces sections ou pelotons sont prévenus à l'avance qu'ils sont les premiers à marcher, le maréchal des logis chef commande, dans la section désignée, quatre gardes et un brigadier en armes pour accompagner les travailleurs. Chaque escadron fournit également trois cavaliers à cheval. Ces militaires armés sont placés sous les ordres d'un sous-officier commandé par l'adjudant et à la disposition de l'officier de piquet, qui prend le commandement des détachements armés et non armés.

§ 2. Les militaires rentrant après minuit du service des théâtres, bals et soirées; les plantons de cuisine, les brigadiers d'ordinaire, les sous-officiers et brigadiers de semaine, les militaires commandés de garde pour le lendemain, ne marchent pas pour ce service, à moins de nécessité absolue.

§ 3. Pendant le jour, lorsqu'un incendie se manifeste, le capitaine de semaine réunit les militaires présents à la caserne et envoie des détachements de la force indiquée dans le 1er paragraphe. Il n'est pas commandé de militaires armés dans les compagnies, mais seulement les trois cavaliers à cheval prescrits au même paragraphe. Les militaires du piquet de vingt-quatre heures marchent en armes avec les travailleurs munis de seaux à incendie, et si, à sept heures du soir, ils ne sont point rentrés, le capitaine de semaine les fait relever par des militaires armés commandés dans les compagnies.

Devoirs à remplir dans les casernes dès qu'un incendie est signalé.

§ 4. Pendant la nuit, aussitôt que le maréchal des logis de garde à la police est prévenu qu'un incendie vient d'éclater, il en donne immédiatement avis à l'adjudant qui en prévient le capitaine de semaine. L'adjudant fait préalablement donner un premier avertissement, au moyen de trois coups de baguette, et fait prévenir en même temps le lieutenant de piquet ainsi que les sous-officiers et brigadiers de semaine qui se hâtent de faire descendre les militaires de la section ou du peloton qui doit marcher, puis on attend les ordres du commandant de la place ou les réquisitions des autorités civiles pour faire sortir les détachements qui ont été formés à cet effet.

Devoirs de l'officier de piquet à son arrivée au lieu de l'incendie.

§ 5. Le lieutenant de piquet, après avoir pris les ordres du capitaine, se rend immédiatement sur le lieu du sinistre où il se concerte avec les autorités présentes, civiles ou militaires.

Aussitôt après son arrivée, il détache l'un des trois cavaliers pour venir rendre compte au capitaine de semaine de la gravité de l'incendie et des dispositions prises.

Dispositions à prendre par le capitaine de semaine.

§ 6. Le capitaine, d'après les renseignements qui lui parviennent, peut, si les circonstances l'exigent, envoyer un nouveau détachement sur le lieu du sinistre. Il en donne le commandement à l'un des officiers de semaine.

§ 7. Si l'incendie offre un certain caractère de gravité, le capitaine en prévient les officiers supérieurs de la caserne qui se rendent sur les lieux.

Les feux de cheminée et les incendies qui ne présentent aucun danger sont simplement mentionnés sur le rapport du capitaine de semaine.

Réserve à conserver dans les casernes.

§ 8. Le capitaine de semaine ne doit jamais dégarnir entièrement la caserne, il doit y laisser toujours, savoir : dans les casernes de trois compagnies ou escadrons, cent hommes, y compris la garde de police et le piquet, et cinquante hommes dans celles de moins de trois compagnies ou escadrons.

Devoirs du plus ancien officier présent sur le lieu de l'incendie.

§ 9. L'officier le plus élevé en grade ou, à grade égal, le plus ancien de ceux qui se trouvent réunis sur le lieu de l'incendie, prend le commandement en mettant ses hommes à la disposition de l'autorité compétente.

Tenue des officiers se rendant sur le lieu de l'incendie pendant la nuit.

§ 10. Pendant la nuit, les officiers, autres que ceux de piquet, qui se rendent sur le lieu de l'incendie sont en capote avec épaulettes, épée et képy; ceux commandant un détachement armé sont en tenue de service.

§ 11. Tous les détachements sont conduits en bon ordre.

Devoirs des militaires armés et non armés arrivés sur le lieu de l'incendie.

§ 12. Les militaires en armes qui se trouvent à l'incendie sont exclusivement chargés de faire la police et de surveiller les objets qui sont déposés sur la voie publique; les piquets de travailleurs sont exclusivement chargés de former la chaîne pour le transport de l'eau et aider à la manœuvre des pompes. Les militaires ne doivent jamais pénétrer dans les maisons pour déménager les meubles sans être formellement requis par les commissaires de police ou officiers de paix présents sur les lieux, ou les chefs des maisons incendiées.

Seaux à incendie.

§ 13. Les seaux à incendie sont laissés sur les lieux, réunis autant que possible dans un seul emplacement.

Rapport du chef de détachement. — Blessures, effets détériorés.

§ 14. Après le renvoi des détachements, l'officier de service signale, sur le rapport qu'il adresse au colonel, l'heure de son arrivée et de son départ, les causes du sinistre, le nom du propriétaire de la maison incendiée, le nom de la rue, le numéro de la maison, l'évaluation approximative de la perte. Il indique les accidents survenus, les militaires qui se sont distingués par leur intelligence, leur zèle et leur dévouement, ceux qui ont reçu des blessures, ceux enfin dont les effets auraient été détériorés par le fait du service et auxquels il délivre, dans les vingt-quatre heures, un certificat constatant la nature des pertes ou détériorations. Il mentionne également le nombre des militaires qu'il aurait été obligé de laisser sur les lieux du sinistre pour le maintien de l'ordre au moment du renvoi des détachements.

INSTRUCTION.

Art. 124.

Officiers et sous-officiers désignés pour faire la théorie dans chaque caserne et pour l'instruction de la deuxième classe.

§ 1er. Des officiers et sous-officiers sont désignés par caserne pour seconder les adjudants-majors d'infanterie et le capitaine instructeur dans l'instruction théorique et pratique.

Passage des hommes de la deuxième classe à l'école de bataillon ou d'escadron.

§ 2. Lorsque les adjudants-majors d'infanterie ou le capitaine instructeur jugent les nouveaux admis suffisamment instruits, ils en rendent compte à leurs chefs d'escadron, qui examinent ces hommes et, sur leur avis, le lieutenant-colonel propose au colonel leur passage à l'école de bataillon ou d'escadron.

ART. 125.

Instruction équestre des officiers et sous-officiers candidats.

§ 1er. Les officiers sortant de l'infanterie suivront le cours équestre. Il en sera de même des sous-officiers de cette même arme proposés pour officiers. Les uns et les autres s'arrangeront de gré à gré avec les cavaliers pour se faire prêter leurs chevaux.

§ 2. Pourront être exemptés ceux qui, après examen du lieutenant-colonel, auront été jugés suffisamment instruits.

ART. 126.

Service des écoles.

(Voir à l'Appendice la nouvelle organisation du service des écoles, basée sur le règlement du 18 avril 1875 pour le service des écoles régimentaires de l'armée.)

Art. 127.

École des enfants de troupe.

L'école des enfants de troupe a une organisation spéciale; elle est dirigée par des officiers et sous-officiers désignés par le colonel, sur la présentation du major.

TENUES.

Art. 128.

Tenue pour l'infanterie.

Il y a quatre tenues pour l'infanterie :

1° Tenue du matin;

2° Tenue du jour;

3° Grande tenue;

4° Tenue de ville.

Tenue du matin.

§ 1er. La tenue du matin pour les officiers et sous-officiers est toujours en tunique et képi jusqu'à midi.

Pour les brigadiers et gardes, elle est en veste.

Tenue du jour.

§ 2. La tenue du jour est en tunique, aiguillettes, sabre, giberne et schako.

Grande tenue de service.

§ 3. La grande tenue est en tunique, schako avec plumet.

Tenue de ville.

§ 4. Hors du service, les officiers, sous-officiers, brigadiers et gardes portent le chapeau; les officiers, les sous-officiers, les brigadiers et tambours portent l'épée.

Art. 129.

Tenue pour la cavalerie.

La cavalerie a quatre tenues à pied et deux à cheval:

1° La tenue du matin et d'écurie;

2° La tenue du jour à pied;

3° La grande tenue à pied;

4° La tenue de ville;

5° La tenue du jour à cheval;

6° La grande tenue à cheval.

Tenue du matin et d'écurie.

§ 1er. La tenue du matin est en veste et képi, pantalon de treillis pour l'intérieur, pantalon de drap pour l'extérieur. La blouse est permise pour le service d'écurie et le planton de cuisine.

Service à pied.

§ 2. La tenue du jour de service à pied est en pantalon bleu, tunique, aiguillettes, ceinturon, giberne, porte-baïonnette et casque.

§ 3. La grande tenue à pied est la même que ci-dessus, avec cette différence que le plumet est au casque.

Service à cheval.

§ 4. La tenue du jour à cheval est en tunique, aiguillettes, hongroise bleue, grosses bottes, ceinturon, giberne et casque.

§ 5. La grande tenue est en tunique, pans retroussés, aiguillettes, hongroise blanche, grosses bottes, giberne, ceinturon, casque avec plumet et gants à la Crispin. Les officiers, pour la grande tenue, mettent les housses et chaperons galonnés en or.

Tenue de ville.

§ 6. Hors du service, tous les militaires de la cavalerie portent le chapeau ; les officiers, sous-officiers, brigadiers et trompettes portent l'épée. Les gardes ont le sabre.

Art. 130.

Tenue pour différents services.

§ 1er. Pour les exercices, promenades de chevaux, corvées et distributions, les officiers de cavalerie sont en képi, tunique sans épaulettes et ceinturon noir. Les officiers d'infanterie, pour les exercices, sont en képi, tunique sans épaulettes et épée.

§ 2. Pour le peloton équestre, les officiers et sous-officiers d'infanterie seront dans la tenue dite ci-dessus § 1er pour les officiers de cavalerie.

§ 3. Les jours où la grande tenue a été ordonnée, tout service fourni après la retraite est fait en petite tenue.

§ 4. Pour la prestation de serment, les officiers et la troupe sont toujours en grande tenue de service.

§ 5. Pour les réceptions et visites officielles, la tenue est indiquée par le colonel.

Art. 131.

Manière de porter le chapeau.

Le chapeau est porté de la manière dite en colonne, penchant légèrement à droite, le bord touchant presque le sourcil droit et éloigné d'environ 3 centimètres du sourcil gauche.

Art. 132.

Manière d'ajuster l'aiguillette.

L'aiguillette se porte sur l'épaule gauche, le grand cordon placé à cheval sur le premier bouton ; il faut avoir soin de laisser environ un tiers de ce cordon pour former la partie supérieure et deux tiers pour la partie inférieure, on boutonne ensuite le premier bouton, la petite natte se place à cheval sur le deuxième bouton, le nœud en dehors près du bouton, le cordon du ferret en dedans de la tunique, le ferret et la partie inférieure du cordon sortent entre le deuxième et le troisième bouton. Cette petite natte doit se trouver sur la poitrine entre les deux parties du cordon double. La grande natte se place de la même manière sur le troisième bouton, et, après que ce dernier est boutonné, le ferret doit sortir entre le troisième et le quatrième bouton. Le bras passe dans le petit cordon.

Art. 133.

Ajustage du ceinturon porte-sabre sans la giberne.

§ 1er. Placer le ceinturon bien horizontalement autour de la taille, reposant également sur les deux hanches et engagé sous les pointes supérieures des soubises ; boutonner par-dessus le ceinturon la patte de tunique ou de veste, qui doit passer entre les branches du porte-sabre ; la plaque au milieu du corps partagée par la ligne des boutons de la tunique dont elle cache le dernier.

Le ceinturon doit être suffisamment serré, sans toutefois gêner l'homme, ni faire plisser la tunique, ni empêcher la giberne de glisser facilement quand on veut la ramener en avant. Les bouts de buffleterie qui sont repliés en-dessous ne doivent jamais être apparents.

Ajustage de la giberne avec le ceinturon.

§ 2. Introduire le ceinturon dans le passant de la giberne, qui doit être placée sur la fesse droite, de manière que le coin de droite du coffret se trouve dans le prolongement du flanc droit du sac. (Lorsque l'homme est sans sac, le coin gauche du coffret arrive vis-à-vis le milieu du bouton supérieur de la soubise de gauche.) La distance de la giberne au havre-sac est en rapport avec la taille de l'homme.

Objets que doit contenir la giberne.

§ 3. Dans le compartiment de droite, au fond : la pièce grasse, et en avant les deux cartouches libres dans leur étui. Dans le compartiment de gauche, le nécessaire d'armes debout ainsi que l'étui garni de l'aiguille et du ressort à boudin. Enfin dans chacun des compartiments du milieu un paquet de cartouches.

Art. 134.

Bretelle de fusil.

La bretelle de fusil est engagée dans le battant de crosse et bouclée de manière que le haut de la boucle arrive au milieu du pontet; le bout de la bretelle est engagé dans le battant de grenadière.

Art. 135.

Ajustage du havre-sac.

§ 1er. La partie supérieure du havre-sac arrive à hauteur des épaules; il colle sur le dos, les bretelles bien égales, afin que le sac reste bien droit, les contre-sanglons bien tirés, bouclés de manière que la patelette soit tendue également et ne baille d'aucun côté.

Havre-sac, courroies roulées.

§ 2. Les courroies étant mises dans les passants du sac, la boucle du côté du dos de l'homme, engager le bout de la courroie dans la boucle et la ramener contre le passant extérieur. Placer les petites courroies, mettre le bout de la courroie dans son passant d'arrière en avant, tirer pour former un rond, rouler très-serré la partie libre, le blanc en dedans: l'engager dans le rond et faire glisser pour que ce rond soit très-solide; rouler de même la grande courroie en ramenant la boucle à hauteur des deux autres sur la ligne des passants extérieurs. Les contre-sanglons des flancs du sac sont bouclés sur le second trou, bien tirés et engagés sous la patelette.

Art. 136.

Giberne de cavalerie ajustée.

§ 1er. Le porte-giberne est ajusté de manière que le dessus du coffret se trouve à peu près à hauteur du coude droit, le bras étant ployé, la main droite étendue sur le téton droit, la boucle à égale distance du trèfle et de la chape de la giberne.

Par-devant, la ligne des boutons de la tunique doit partager également l'écart de 120mm existant entre la tête de lion et l'écusson de l'ornement; cet écart fait tomber légèrement les chainettes, la dernière devant affleurer, sans jamais le dépasser, le bord inférieur de la banderole.

La martingale de la giberne est fixée au bouton gauche de la taille de la tunique.

Objets que doit contenir la giberne de cavalerie.

§ 2. La giberne est garnie de la manière suivante : dans le compartiment de gauche, le nécessaire d'armes debout ainsi que l'étui garni de l'aiguille et du ressort à boudin; dans chacun des deux compartiments du milieu, un paquet de neuf cartouches; dans le compartiment de droite six cartouches de revolver et la pièce grasse dans la case du fond, enfin dans la case du devant deux cartouches libres dans l'étui en fer blanc.

Art. 137.

Bretelle de fusil, son ajustage.

La bretelle est ajustée de manière que la partie supérieure de la boucle arrive à 100mm de la partie inférieure du battant de grenadière.

Art. 138.

Ceinturon de cavalerie.

Le ceinturon se porte par-dessus la tunique autour de la taille, la plaque partagée en deux parties égales par la ligne des boutons, la petite bélière sur la saillie de l'os de la hanche, en avant et contre la patte de tunique; il est soutenu dans la position horizontale par cette dernière et par les pointes supérieures des soubises, entre lesquelles doit être exactement placé le D mobile qui sert d'attache à la grande bélière. La petite bélière est ajustée de telle sorte que l'homme, étant à cheval, puisse atteindre facilement la poignée du sabre pour mettre le sabre à la main. La dragonne forme un nœud coulant autour du haut de la branche principale du sabre, où elle est maintenue par un des coulants; l'autre est assez éloigné du gland pour que le cavalier puisse engager le poignet dans la dragonne.

Le porte-baïonnette s'adapte au ceinturon entre les deux bélières et à égale distance de chacune d'elles, la douille de la baïonnette dirigée en arrière.

Lorsque l'homme est à pied, le sabre est relevé et mis au crochet, la poignée en arrière contre le corps, le bout du fourreau en avant, la bélière de devant faisant un tour sur le fourreau.

PERMISSIONS.

Art. 139.

Permissions de un à huit jours et de l'appel du soir.

§ 1er. Les permissions de minuit et de un à huit jours sont signées au rapport par le colonel. Lorsque, dans le courant de la journée, un militaire a besoin de la permission de l'appel du soir, il s'adresse à l'officier de semaine qui soumet sa demande au capitaine de semaine. Cet officier est autorisé à l'accorder jusqu'à minuit; il en rend compte sur son rapport spécial de semaine.

5.

Permissions des officiers.

§ 2. L'officier qui désire une permission au-dessus de quarante-huit heures et jusqu'à huit jours doit en faire la demande au colonel, par écrit, en suivant la voie hiérarchique. La permission imprimée est jointe à la demande.

Bulletin de visite à fournir par les brigadiers et gardes qui demandent des permissions au-dessus de trois jours.

§ 3. Pour les brigadiers et gardes, un bulletin de visite du médecin, attestant que ce militaire n'est atteint de maladie ni vénérienne ni cutanée, est joint aux demandes de permissions de plus de trois jours.

§ 4. Les permissions au-dessus de huit jours ou congés sont demandés au ministre de la guerre par la voie hiérarchique.

Prolongation de permission ou de congé.

§ 5. Tout militaire en permission ou congé qui désire obtenir une prolongation doit en faire la demande au ministre de la guerre par l'intermédiaire de l'officier commandant la gendarmerie du département où il se trouve; il en informe de suite son capitaine.

PUNITIONS.

Art. 140.

Toute faute grave sera l'objet d'une enquête de la part du commandant de la compagnie ou de l'escadron qui adressera, sans retard, son rapport au colonel par la voie hiérarchique, afin de l'éclairer sur l'emploi du temps, en cas d'absence, et les circonstances particulières de la faute commise, etc., etc. — Ce rapport restera au dossier de l'homme.

Art. 141.

Militaire n'ayant pas déclaré qu'il était atteint de maladie vénérienne ou cutanée.

Tout militaire atteint d'une affection vénérienne ou cutanée et qui n'a point déclaré sa maladie sera puni de quinze jours de consigne à sa sortie de l'hôpital.

CANTINES.

Art. 142.

Cantines et cantinières.

§ 1er. Les cantines et les cantinières sont placées sous la surveillance spéciale des capitaines de semaine et de l'adjudant de la caserne.

§ 2. Chaque cantinière est pourvue d'un registre indiquant la date, la quantité et le prix des liquides entrés dans sa cave, et, en regard, l'acquit du vendeur. Ce registre est fréquemment visité par le capitaine de semaine qui y appose son visa et rend compte au colonel de l'exécution de ces prescriptions.

Entrée de liquides à la caserne.

§ 3. Toutes les fois qu'il entre des provisions de liquide dans les casernes, l'adjudant en rend compte au capitaine de semaine qui veille à leur inscription sur le registre et procède à leur dégustation.

Interdiction de faire crédit.

§ 4. Il est interdit aux cantinières de faire crédit aux militaires du corps; l'infraction à cet ordre entraîne la fermeture momentanée, et, en cas de récidive, la fermeture définitive de leur cantine.

Mesure réglementaire pour les liquides.

§ 5. Les liquides doivent être vendus au prix fixé par une commission nommée par le colonel. Le vin est vendu au litre, demi-litre, quart de litre.

Militaires qui s'enivrent dans les cantines.

§ 6. Lorsqu'un militaire du corps s'enivre dans une cantine, la cantine est fermée pour un mois la première fois. Si cela se renouvelle, le colonel avise.

Fermeture des cantines.

§ 7. Les cantines sont fermées à l'appel du soir et ne sont ouvertes qu'au réveil.

§ 8. Le présent article est affiché dans les cantines par les soins de l'adjudant.

Art. 143.

Pension des sous-officiers. — Registre de la cantinière.

§ 1er. Tous les sous-officiers, non mariés, vivent à la pension de leur caserne et y versent une somme journalière déterminée par le colonel. Cette somme est payée par quinzaine à la cantinière qui donne son acquit sur le registre ouvert à cet effet.

Militaires autorisés à faire entrer du vin dans les casernes.

§ 2. Les militaires vivant en ménage sont autorisés à faire entrer du vin dans la caserne pour leur consommation particulière ; il leur est interdit d'en céder, sous aucun prétexte, aux militaires non mariés.

L'adjudant surveille les repas des sous-officiers.

§ 3. L'adjudant veille à ce que les sous-officiers se trouvent régulièrement aux repas.

Art. 144.

Cuisinières et porteurs.

Les cuisinières et les porteurs doivent arriver à la cuisine assez à temps pour allumer les fourneaux et ne sortir de la caserne que le soir après que leur service est terminé. Les cuisinières et les porteurs sont sous la surveillance immédiate du maréchal des logis et du brigadier de garde, des brigadiers d'ordinaire et de semaine, du planton à la cuisine, pour tout ce qui est relatif à la police dans l'intérieur des cuisines, à la propreté, à la préparation et à la répartition des aliments.

Art. 145.

Punitions à infliger aux cuisinières et aux porteurs.

Les punitions à infliger aux cuisinières et aux porteurs

sont l'amende de 1 à 5 fr. et le renvoi. Ces punitions ne sont prononcées que par le capitaine, qui en rend compte hiérarchiquement au colonel. Ces amendes sont déduites de la rétribution mensuelle qui leur est allouée.

OBJETS TROUVÉS.

Art. 146.

Lorsque des objets sont trouvés sur la voie publique, ils sont remis au commissaire de police; s'ils ont été trouvés dans un établissement public, ils sont également remis à ce fonctionnaire et avis en sera donné au chef de l'établissement; si l'objet a été trouvé par un militaire de service, le chef de poste en rend compte sur son rapport, où il mentionne tous les détails dont il a connaissance. Les objets trouvés à la caserne sont remis à l'adjudant.

DEVOIRS DANS LE SERVICE ET HORS LE SERVICE.

Art. 147.

Tous les militaires du corps doivent parfaitement connaître les nombreux devoirs qui leur sont journellement imposés, tant dans le service que hors du service; à cet effet, ils doivent bien se pénétrer des règles et principes contenus dans l'ordonnance du 2 novembre 1833, dans le décret du 1er mars 1854, dans le règlement du 9 avril 1858, dans l'instruction municipale et dans le présent règlement.

Fait à Paris, le 19 février 1861.

Le Maréchal de France,
Ministre Secrétaire d'État de la guerre,

RANDON.

APPENDICE

AYANT POUR OBJET DE COMPLÉTER OU D'INTERPRÉTER DIVERS ARTICLES DE L'INSTRUCTION SUR LE SERVICE INTÉRIEUR DE LA GARDE RÉPUBLICAINE.

Art. 2.

Chaque année, au 1er avril et au 1er octobre, le colonel arrête un tableau de travail pour les deux armes.

Art. 8.

§ 2. Le lieutenant-colonel de semaine assiste au rapport un jour sur deux ; il est accompagné ce jour-là par celui des chefs d'escadron de semaine qui appartient à une arme autre que la sienne.

Art. 9.

Les lieutenants-colonels concourent avec les chefs d'escadron pour le service de ronde des postes occupés par le corps. Pour ce service, il est commandé un officier supérieur par semaine. Il est en tenue de service, à cheval, et accompagné d'une ordonnance.

ART. 15.

§ 1er. Un chef d'escadron de chaque arme est commandé pour le service de semaine.

Un des deux chefs d'escadron de semaine assiste chaque jour au rapport, et ce service est réparti entre eux, de manière que celui qui accompagne le lieutenant-colonel de semaine au rapport appartienne à une autre arme que ce dernier.

Chaque jour, les chefs d'escadron font la visite des casernes, en se conformant, etc.

ART. 18.

Le capitaine instructeur est chargé de l'instruction équestre des officiers d'infanterie et des sous-officiers de la même arme, candidats pour sous-lieutenant, sous la surveillance du lieutenant-colonel de cette arme. Il lui remet, le premier jour de chaque mois, un rapport sur cette instruction.

Le capitaine instructeur peut être suppléé dans une partie de ce service par des officiers de l'arme à cheval désignés spécialement pour cet objet.

ART. 21.

Les capitaines adjudants-majors des deux armes concourent entre eux pour le service de semaine. Chaque semaine, un capitaine adjudant-major de chaque arme est commandé pour ce service; l'un d'eux est de grande semaine, l'autre de petite semaine.

L'adjudant-major de grande semaine est chargé de l'expédition des ordres de service.

L'adjudant-major de petite semaine assiste tous les jours au rapport. Il visite les casernes où les fonctions de capitaine de semaine sont remplies par des lieutenants. Il accompagne le colonel pour tout service extérieur.

Le dimanche matin, l'adjudant-major de petite semaine adresse au chef d'escadron de semaine de son arme, son rapport hebdomadaire sur les casernes qu'il a visitées et sur les services extérieurs qu'il a contrôlés.

ART. 22.

§ 1er. Les adjudants-majors d'infanterie sont chargés de l'instruction pratique des sous-officiers, brigadiers et gardes de leur bataillon proposés pour l'avancement, en ce qui concerne les exercices à rangs serrés. Ils les mettent en état de remplir les fonctions du grade supérieur. Ils en sont responsables envers leurs chefs de bataillon. Ils sont en outre chargés de l'instruction de la 2e classe de leur bataillon.

Rapport sur l'instruction pratique.

§ 2. Le 29 de chaque mois, les adjudants-majors d'infanterie se font remettre par les lieutenants qui leur sont adjoints des états nominatifs en triple expédition (conformes au modèle adopté) des sous-officiers, brigadiers et gardes avec les numéros des leçons exécutées et des notes en toutes lettres sur chacun d'eux.

ART. 24.

§ 1er. L'adjudant-major de grande semaine est chargé spécialement de commander tout le service du corps.

§ 2. Il est sous les ordres immédiats du colonel,

§ 9. Un brigadier et trois gardes à cheval sont commandés chaque jour de service à l'état-major pour porter les dépêches.

Art. 25.

L'adjudant-major de petite semaine peut être chargé par le colonel de faire des enquêtes sur les particularités qui peuvent se produire dans les services extérieurs.

Art. 27.

§ 2. Il visite au moins deux fois par mois les militaires.... et fait tout ce qui est de sa compétence dans l'intérêt de la santé des militaires; il visite à la caserne de la Cité, à l'infirmerie régimentaire, les nouveaux admis aux corps dès leur arrivée; il assiste au rapport aux jours qui lui sont fixés par le colonel.

Art. 28.

§ 2. Le vétérinaire en premier assiste au rapport aux jours qui lui sont fixés par le colonel. Il dirige le service des vétérinaires en second.

Art. 29.

§ 3. Pour les réunions partielles ou les manœuvres, l'un des vétérinaires en second est tenu d'y assister.

Art. 36.

§ 1er. Supprimer : 2° d'un pot à eau.

§ 2. Supprimer : et de brunissoirs pour les casques.

ART. 38.

Le capitaine autorise les militaires sous ses ordres à porter le deuil de famille; il est dispensé d'en rendre compte sur la situation journalière.

ART. 42.

§ 1er. Chaque quinzaine, un capitaine d'infanterie est commandé, à tour de rôle, pour la distribution du bois et du charbon.

ART. 43.

§ 4. Ajouter : Le capitaine et les officiers de semaine doivent toujours être en tenue et prêts à répondre instantanément à tout appel ou convocation.

ART. 48.

§ 2. Les capitaines de ronde appartenant à des casernes où il n'y a point de cavalerie, demandent par écrit une ordonnance à cheval à l'adjudant de la caserne où se trouve l'escadron chargé de la leur fournir; ils indiquent l'heure à laquelle cette ordonnance devra aller les prendre.

ART. 53.

Les lieutenants des deux armes concourent ensemble, à tour de rôle, pour le service de garde. Ils assistent à la parade à la tête de la garde lorsqu'elle est fournie par leur caserne; dans le cas contraire, ils assistent à la parade dans la caserne qui fournit le poste qu'ils doivent commander.

Les officiers de cavalerie, etc.

ART. 61.

Chaque matin, il réunit toutes les pièces et rapports de la caserne et les fait porter, par un planton, à l'état-major du corps, où ils doivent parvenir à 6 heures du matin.

ART. 63.

Pension des sous-officiers et brigadiers.

§ 1er. Les adjudants font de fréquentes visites pour s'assurer de la bonne tenue des salles à manger et des cuisines des sous-officiers et brigadiers.

§ 2. Les sous-officiers et brigadiers en ménage ne pourront tirer leur nourriture des pensions qu'à la condition de consommer leurs repas à la cantine même.

ART. 65.

§ 2. Lorsque le colonel le juge à propos, les adjudants peuvent être aidés, dans ce service, par les maréchaux des logis chefs faisant fonctions d'adjudant; ces derniers sont rétribués sur le même pied que les adjudants.

ART. 67.

§ 1er. Les tours de service sont établis ainsi qu'il suit :

Pour l'infanterie.....

Pour la cavalerie : 1° la garde à cheval, 2° l'escorte des voitures cellulaires, 3° la garde à pied et la garde d'écurie, 4° le piquet, 5° les théâtres et les bals.

Art. 69.

§ 3. Il veille à ce que le fourrier de semaine se rende à l'état-major du corps, tous les jours à 1 heure 1/2 avec le carnet de décisions.

§ 4. Tous les fourriers se rendent le samedi à 1 heure à l'état-major; ils portent avec eux leurs livres d'ordres, carnets de décisions, registres de punitions et cahiers de décisions de principes, qui sont vérifiés et contrôlés par le capitaine adjudant-major de petite semaine.

Art. 75.

Batteries ou sonneries du service journalier.

Tableau des batteries ou sonneries du service journalier :

Service d'hiver.

Heures du service d'hiver, du 1er octobre au 31 mars.

6 heures, envoi des rapports de caserne à l'état-major.
— réveil.
6 h. 1/4, déjeûner des chevaux.
6 h. 1/2, demi-appel pour le pansage.
6 h. 3/4, appel et pansage (*ouverture des portes de la caserne*).
8 heures, sonnerie pour les maréchaux des logis chefs (*pour le rapport à l'état-major*).

8 h. 1/4, repas des hommes prenant le service.
8 h. 1/2, soupe.
9 heures, assemblée.
— rapport du colonel.
9 h. 1/4, appel de l'infanterie et défilé de la garde.
10 heures, repas des sous-officiers et brigadiers.
11 — promenade des chevaux.
— instruction de la deuxième classe des deux armes et des jeunes chevaux.
12 h. 1/2, dîner des chevaux.
1 h. 3/4, demi-appel pour le pansage.
2 heures, appel et pansage.
3 — départ des porteurs de soupe.
4 — soupe du soir.
4 h. 1/2, souper des chevaux.
4 h. 3/4, parade des théâtres.
5 heures, repas des sous-officiers et brigadiers.
9 — appel du soir et fermeture des portes.
10 h. 1/2, rentrée des sous-officiers.

Service d'été.

Heures du service d'été, du 1er avril au 30 septembre.

5 heures, réveil.
5 h. 1/4, déjeûner des chevaux.
5 h. 1/2, demi-appel pour le pansage.
5 h. 3/4, appel et pansage (*ouverture des portes de la caserne*).
6 heures, envoi des rapports de caserne à l'état-major.
— instruction de la deuxième classe (*infanterie*) de 6 à 8 heures.

7 heures, promenade des chevaux.
— instruction de la deuxième classe (*cavalerie*) et des jeunes chevaux.
8 heures, sonnerie pour les maréchaux des logis chefs (*pour le rapport à l'état-major*).
8 h. 1/4, repas des hommes prenant le service.
8 h. 1/2, soupe.
9 heures, assemblée.
— rapport du colonel.
9 h. 1/4, appel de l'infanterie et défilé de la garde.
10 heures, repas des sous-officiers et des brigadiers.
12 — dîner des chevaux.
» instruction de la 2e classe (*infanterie*) de 12 heures à 2 heures.
1 h. 3/4, demi-appel pour le pansage.
2 heures, appel et pansage.
3 — départ des porteurs de soupe.
4 — soupe du soir.
4 h. 1/2, souper des chevaux.
4 h. 3/4, parade des théâtres.
5 heures, repas des sous-officiers et brigadiers.
9 h. 1/2, appel du soir et fermeture des portes.
10 h. 1/2, rentrée des sous-officiers.

A partir du 1er juin en été, la promenade des chevaux est faite de 5 h. 1/2 à 7 heures du matin, et le pansage a lieu au retour.

NOTA. — Les heures des écoles sont déterminées par les tableaux de travail semestriels, auxquels il faut d'ailleurs se reporter pour toutes les modifications qui peuvent être apportées aux tableaux ci-dessus.

ART. 76.

Ration des chevaux.

Répartition de la ration des chevaux.

Pendant la saison des manœuvres.

Au réveil, un tiers d'avoine.

Après la manœuvre, un tiers de foin.

Trois quarts d'heure après, pansage, faire boire, et donner un tiers d'avoine, un tiers de paille.

A deux heures, pansage, faire boire, et donner un tiers d'avoine, un tiers de paille.

A quatre heures demie, deux tiers de foin, un tiers de paille.

ART. 77.

§ 2. Un maréchal des logis chef, dans chaque caserne, est désigné pour suppléer l'adjudant dans son service de semaine. Tous les maréchaux des logis chefs concourent à ce service, pour lequel ils sont commandés en suivant l'ordre des compagnies ou escadrons.

ART. 84.

§ 2. Ajouter :

Les décisions et les ordres sont communiqués dans la cavalerie par le brigadier qui doit prendre la semaine suivante et qui est commandé à cet effet.

ART. 89.

§ 1er. Le maréchal des logis de garde s'assure que les fourneaux des cuisines sont allumés à l'heure fixée, et que les cuisinières, porteurs et plantons sont présents. Il est chargé de la police des cuisines ; il est suppléé ou aidé dans ce service, depuis l'ouverture jusqu'à la fermeture des portes des cuisines, après le repas du soir, par le brigadier de planton de cuisine ; après la fermeture des portes des cuisines, par le brigadier de garde.

Dans les casernes où il n'y a pas de brigadiers de planton de cuisine, c'est le brigadier de garde qui, pendant vingt-quatre heures, supplée ou aide le maréchal des logis de garde dans la surveillance des cuisines.

§ 2. Après le repas du soir, le maréchal des logis de garde ouvre ou fait ouvrir, etc....

ART. 90.

§ 1er. Le maréchal des logis de service à la porte et le brigadier de planton de cuisine empêchent les cuisinières de sortir de la caserne avant la fin de leur service.

§ 2. Ils s'assurent que les porteurs sortent bien exactement à l'heure fixée pour porter les repas aux hommes de service en ville.

ART. 91.

Changer à la 2e ligne le mot adjudant-major en celui d'adjudant.

Art. 94.

Le fourrier appartenant à la compagnie ou à l'escadron du maréchal des logis chef de semaine est aussi de semaine, et se rend tous les jours à une heure à l'état-major pour copier, sur le carnet ou le livre d'ordres de l'adjudant, les décisions ou ordres survenus depuis le rapport du matin.

Art. 97.

19° Lorsque l'ordre de retirer la toile grise de recouvrement du paquetage est donné, elle est pliée en plusieurs doubles et serrée dans la malle.

Art. 98.

Infanterie.

Manière de rouler et de porter la capote-manteau en sautoir.

§ 1er. Placer la capote-manteau sur une table, la doublure en dessous, retourner les poches, relever le bas jusqu'au cran d'arrêt de l'échancrure, relever les coins de manière à laisser au rouleau la longueur voulue (suivant la taille de l'homme, cette longueur varie de 1m 70 à 1m 90), allonger les manches parallèlement au pli fait dans le bas, replier le bas de 0m 12 pour form[illegible] portefeuille, rabattre le collet et les devants de 0m 35, rouler en partant du haut, engager la partie roulée dans le portefeuille, tirer sur les deux bouts, plier au milieu et fixer les deux bouts avec la petite courroie à 0m 08 de leur extrémité, passer la tête et le bras droit dans le rouleau, de manière que le milieu porte sur l'épaule gauche, et que l'extrémité soit au-dessous de la hanche droite, la boucle de la courroie en dedans, le pli du drap dirigé vers la terre.

Manière de rouler la capote-manteau pour être placée sur le sac.

§ 9. Placer la capote sur une table comme ci-dessus, retourner les poches, relever le bas jusqu'au cran de l'échancrure, placer les manches l'une sur l'autre dans le sens de la longueur du dos, relever les coins de manière à donner au rouleau la longueur voulue pour encadrer le dessus et les flancs du havre-sac (cette longueur est de 1m 15, le rouleau devant arriver à 0m 01 du bas du sac), replier le bas de 0m 12 pour former portefeuille, rabattre le collet de la capote de 0m 35, et replier le collet en dessous; bien rentrer les emmanchures, rouler en partant du haut, engager les parties roulées dans le portefeuille et tirer sur les bouts.

Placer le rouleau sur le sac, le pli du côté du dos de l'homme, fixer la grande courroie de charge qui doit passer sur le milieu de l'écusson du revers de l'échancrure; boucler les deux petites courroies de manière que leur passant touche le haut du sac, les trois boucles sur la même ligne; engager les bouts dans les passants du dos du sac; fixer les extrémités du rouleau au bas des flancs du sac avec les contre-sanglons à ce destinés, qui ne doivent avoir qu'un trou apparent, et leur boucle cachée sous la patelette. La capote ainsi placée doit avoir les deux angles arrondis.

Art. 101.

Infanterie.

Paquetage du havre-sac.

Les effets sont paquetés dans l'ordre suivant dans le havre-sac :

Deux chemises roulées très-serrées et juste de la longueur de l'intérieur du sac, un caleçon roulé de même, un calot de coton, deux mouchoirs de poche, une serviette, un col, une paire de gants, la trousse garnie, les brosses à boutons, à habit, à décrotter et à lustrer, une patience, la boîte à graisse, le livret placé dans le sac entre les effets et la paroi du côté de la patelette, toutes les cartouches de réserve dans un sachet en toile, placé dans le casier en bois situé à la partie supérieure du sac.

Art. 105.

Brigadier d'ordinaire.

§ 1er. Les brigadiers sont désignés à tour de rôle, d'après un tableau de proposition, pour tenir l'ordinaire. Ils sont changés tous les six mois (1er janvier et 1er juillet).

Art. 106.

§ 6. Les militaires en permission de 48 heures et au-dessus sont défalqués de l'ordinaire.

Art. 108.

Responsabilité du brigadier de planton et des plantons de cuisine.

§ 1er. Le brigadier de planton à la cuisine, et, sous son

autorité, les plantons de cuisine, ont mission, comme les chefs d'ordinaire, de surveiller les cuisinières et de s'assurer que les denrées alimentaires destinées à chaque repas sont intégralement employées.

§ 2. A cet effet, ils comptent ou pèsent les denrées apportées à la cuisine par les fournisseurs, et les font mettre dans les marmites en leur présence, après que le brigadier d'ordinaire leur aura fourni le détail de ce qui doit y entrer pour chaque repas.

§ 3. Après la cuisson des aliments, ils veillent à ce que les cuisinières en fassent une répartition égale dans les gamelles, et ils portent une attention toute particulière à ce qu'il ne soit rien détourné au préjudice de l'ordinaire.

§ 4. Avant de quitter la cuisine, le brigadier de planton s'assure que les gamelles destinées aux hommes descendant de service sont placées sur le fourneau de façon à conserver chauds les aliments qu'elles contiennent.

§ 5. Dans les casernes où il n'y a pas de brigadier de planton aux cuisines, ses fonctions sont remplies par le brigadier de garde à la police.

§ 6. Le brigadier de planton, ou à son défaut le brigadier de garde, veille à ce qu'aucun militaire n'enlève son repas avant la batterie ou sonnerie réglementaire; il fait nettoyer la cuisine, et lorsque les gamelles vides ont été rapportées après le repas du soir, il ferme la porte et remet la clef au maréchal des logis de garde. A partir de ce moment et jusqu'au lendemain matin à l'ouverture des portes des cuisines, le brigadier de garde est chargé par le maréchal des logis chef de poste, et sous sa surveillance, de la police des cuisines.

Art. 109.

Dépenses au compte de l'ordinaire.

Les dépenses non prévues par l'ordonnance du 2 novembre 1833, qui peuvent être portées au livret d'ordinaire, sont :

1° Le pain.

2° Le combustible pour la cuisine et les chambres, etc.

7° Supprimé.

8° Les balayeurs qui sont payés dans chaque caserne suivant un tarif spécial fixé par le colonel. Les sous-officiers et gardes qui ne vivent pas à l'ordinaire versent 30 centimes par mois pour le balayage, et les officiers logés dans les casernes en versent 60. Les sommes provenant de cette double source sont réparties entre les balayeurs de chaque caserne.

Art. 110.

Brigadier de semaine.

§ 1er. Le brigadier de semaine n'est point commandé de service.

§ 2. Il remet chaque matin avant huit heures un quart au brigadier de planton de cuisine l'état nominatif des hommes qui prennent le service, afin qu'ils puissent prendre leur repas, avant les autres, à l'heure déterminée à cet effet.

§ 3. Il remet également au maréchal des logis de garde les noms des militaires employés hors de la caserne qui doivent rentrer après l'heure du repas, afin que la cuisine leur soit ouverte par le brigadier de garde pour prendre leurs gamelles.

§ 4. A l'heure fixée pour le départ des porteurs, le brigadier de planton à la cuisine veille à ce que le dîner soit envoyé bien exactement à tous les hommes de service.

§ 5. Supprimé.

Art. 111.

Brigadier de garde à la police.

§ 2. Supprimé et remplacé par le paragraphe 6 de l'article 108 modifié.

Art. 115.

Rapport journalier.

§ 1er. Le rapport général a lieu chez le colonel.

§ 2. A cet effet, tous les matins, le lieutenant-colonel de semaine quand il doit venir au rapport, celui des chefs d'escadron de semaine qui doit y assister, et l'adjudant-major de petite semaine se rendent à l'état-major du corps, ainsi que les maréchaux des logis chefs.

§ 3. A l'heure fixée, l'adjudant-major de petite semaine fait l'appel des maréchaux des logis chefs. Immédiatement après, le chef d'escadron de semaine prend connaissance du rapport et recueille près des maréchaux des logis chefs tous les renseignements nécessaires.

Le lieutenant-colonel de semaine reçoit le rapport du chef d'escadron; il en fait la lecture ou la fait faire à haute voix.

Il se rend ensuite chez le colonel accompagné du chef d'escadron, de l'adjudant-major de petite semaine, lui présente le rapport général et prend ses ordres, etc.

Art. 116.

Visites des officiers arrivant au corps.

Les officiers qui arrivent au corps et les sous-officiers promus sous-lieutenants se présentent immédiatement au colonel et le plus promptement possible au lieutenant-colonel de leur arme, à leur chef d'escadron et à leur capitaine, ainsi qu'à tous les autres officiers supérieurs du corps.

Aussitôt qu'ils sont habillés et en état de prendre leur service, ils en rendent compte par la voie du rapport, et font sans retard une visite en tenue du jour, s'ils sont d'un grade inférieur à celui de capitaine, aux adjudants-majors de leur arme et aux capitaines de leur caserne.

Art. 117.

Droit au logement.

§ 1er. Le colonel, le major, le médecin-major chef du service de santé, deux adjudants-majors, le capitaine-trésorier et l'adjoint au trésorier sont logés dans le bâtiment réservé à l'état-major du corps, et disposé en même temps pour recevoir les bureaux du colonel, du major, du trésorier, la salle du rapport et celle du conseil d'administration.

Un médecin et le pharmacien sont toujours logés dans les casernes où sont établies l'infirmerie et la pharmacie du corps.

§ 2. Les logements d'officiers dans les casernes sont répartis entre les deux armes de manière qu'il y ait autant que possible dans chaque arme, et pour chaque grade la même proportion d'officiers logés.

Un tableau établi d'après ce principe fixe la répartition par arme des logements d'officiers pour toutes les casernes de la légion.

§ 3. Lorsqu'un logement devient vacant, le choix en appartient, par ordre d'ancienneté, aux officiers déjà logés dans la caserne, et après eux à l'officier du même grade et de la même arme le plus ancien de présence à la légion qui n'est pas encore logé.

§ 4. Les officiers non logés concourent pour le droit au logement, dans chaque arme et dans chaque grade, sur l'ensemble des casernes du corps d'après leur ancienneté de présence à la légion.

§ 5. Les officiers déjà logés ne peuvent exercer leur choix sur les logements vacants que dans la caserne où ils sont logés.

Le groupe des logements de Napoléon, de Lobau, de l'avenue Victoria et de la Cité est considéré pour les officiers d'infanterie du corps comme ne formant qu'un seul et même bâtiment.

§ 6. Les officiers logés peuvent, avec l'autorisation du colonel, céder leur logement à un autre officier de leur caserne *(de la caserne voisine pour Napoléon et Lobau)*, mais pour le temps seulement pendant lequel ils ont le droit de l'occuper.

§ 7. Si, avec le consentement du colonel, un officier renonce au logement auquel son ancienneté lui donne droit, il ne prend rang, pour y concourir de nouveau, que du jour de sa renonciation.

§ 8. Un officier logé, s'il est changé d'office de caserne

dans un intérêt de service, conserve dans sa nouvelle caserne les droits que lui donnait son ancienneté d'occupation dans l'autre.

§ 9. Les règles qui précèdent ne sont pas applicables aux trois logements de capitaine (*deux d'adjudant-major, un de trésorier*) existant dans le bâtiment de l'état-major. Ces logements sont soumis à une réglementation spéciale.

§ 10. Quelle que soit l'ancienneté de grade des capitaines d'infanterie logés à la caserne de la Cité, le commandement de cette caserne appartient de droit au capitaine de l'escadron qui y est logé.

Art. 120.

Ordonnances à cheval.

§ 2. Pour un service de ronde, les cavaliers d'escorte sont pris dans les casernes des officiers. Lorsque ces derniers appartiennent à une caserne où il n'y a pas de cavalerie, ils demandent par écrit une ordonnance à cheval à l'adjudant de la caserne où se trouve l'escadron chargé de la leur fournir; ils indiquent l'heure à laquelle ces ordonnances devront aller les prendre.

Art. 121.

Ordonnances des officiers pour panser leurs chevaux.

§ 2. Les gardes employés comme ordonnances auprès des officiers supérieurs, des capitaines, des médecins-majors et du vétérinaire en premier, sont dispensés de service.

Ceux employés auprès des lieutenants et sous-lieutenants ne sont dispensés d'aucun service. Certaines éventualités pouvant nécessiter leur présence auprès des officiers, il sont commandés de préférence pour le service de la garde de police ou de la garde d'écurie. Pour ceux qui sont à la police, le chef de poste peut leur permettre de s'absenter, mais dans une mesure subordonnée au service du poste, et sans accorder cette autorisation à plus de deux ordonnances à la fois.

Art. 123.

Incendies.

§ 1er. Dans chaque compagnie les sections sont désignées à tour de rôle pour marcher la nuit sans armes, comme travailleurs, dans le cas où un incendie viendrait à se manifester.

Dans chaque escadron, un peloton à pied est désigné pour le même service.

Les militaires de ces sections ou pelotons sont prévenus à l'avance qu'ils sont les premiers à marcher avec leurs officiers de semaine.

§ 2. Les militaires rentrant après minuit du service des théâtres, bals et soirées, les plantons de cuisine et brigadiers d'ordinaire, les sous-officiers et brigadiers de semaine, les militaires commandés de garde pour le lendemain ne marchent pas pour ce service à moins de nécessité absolue.

§ 3. Pendant le jour, lorsqu'un incendie se manifeste, le capitaine de semaine réunit les militaires présents à la caserne et les forme en détachements sous le commandement des officiers de semaine pour les envoyer selon le cas sur les lieux de l'incendie.

§ 3 *bis*. Indépendamment des détachements de travailleurs, les piquets en arme de chaque caserne, dont la mission est de marcher pour tous les cas pressants qui peuvent se présenter dans les vingt-quatre heures, fournissent également des détachements pour faire le service d'ordre sur le théâtre de l'incendie, et se tiennent prêts à toutes les autres éventualités.

Les piquets de cavalerie fournissent le nombre de gardes à cheval nécessaire pour porter les ordres sur le lieu incendié et en rapporter à l'état-major les renseignements donnés par l'officier qui a le commandement du détachement.

Devoirs à remplir dans les casernes dès qu'un incendie est signalé.

§ 4. Pendant la nuit, aussitôt que le maréchal des logis de garde à la police est prévenu qu'un incendie vient d'éclater dans la circonscription de la caserne, il en donne immédiatement avis à l'adjudant qui en informe le capitaine de semaine ; ce dernier envoie de suite reconnaître la gravité de l'incendie par le brigadier du poste, et fait en même temps prévenir le capitaine de place de la succursale.

Dès que les renseignements sur l'importance de l'incendie lui sont parvenus, il en transmet l'avis au général commandant la place, au préfet de police et au bureau de service de la légion qu'il tient ensuite au courant de la composition, de la sortie et de la rentrée successive des détachements qui lui ont été commandés par la place, ou sur la réquisition des autorités civiles.

L'adjudant fait préalablement donner un premier avertissement au moyen de trois coups de baguette, auquel signal on fait lever les hommes des pelotons ou sections désignés à l'avance comme travailleurs.

Les piquets en arme sont immédiatement réunis dans les cours, les armes en faisceaux près du poste de police; les gardes des piquets à cheval se tiennent prêts à porter des ordres ou des renseignements sous la direction du capitaine de semaine et du bureau de l'état-major de la légion.

Les officiers de semaine et ceux de piquet en armes sont prévenus avec la plus grande célérité, pour qu'ils se rendent dans leur compagnie respective se tenant prêts à marcher, lorsque les travailleurs devront sortir. Les détachements seront formés par les sections ou pelotons les premiers à marcher et qui, à cet effet auront été désignés d'avance par le capitaine de semaine, de manière à éviter toute confusion pour les rassemblements de nuit.

Les autres sections ou pelotons, qui doivent marcher ensuite, se tiennent dans les chambres prêts à descendre au premier signal.

Lorsqu'une caserne fournira un détachement composé de deux sections, ce détachement sera commandé par un capitaine, sans distinction d'arme, désigné par le capitaine de semaine d'après un contrôle ouvert à cet effet dans chaque caserne.

Un contrôle analogue sera tenu par l'adjudant pour inscrire les tours de sortie des travailleurs, afin que l'on soit toujours fixé d'avance sur le numéro des compagnies les premières à marcher.

Pendant le jour, lorsqu'un incendie se manifeste, après avoir fait reconnaître son importance et pris les dispositions nécessaires, le capitaine consigne immédiatement la caserne.

Devoirs de l'officier de piquet en armes à son arrivée au lieu de l'incendie.

§ 5. L'officier de piquet se concerte sur les lieux avec les autorités présentes civiles et militaires pour exécuter un service d'ordre aux approches du lieu incendié.

Il rend compte, sans retard, au capitaine de semaine de la gravité du sinistre, des dispositions qu'il a prises et des éventualités qu'il prévoit pour le renouvellement des détachements.

Dispositions particulières à prendre par le capitaine de semaine.

§ 6. Indépendamment des prescriptions déjà mentionnées, le capitaine, d'après les renseignements qui lui parviennent, peut, si les circonstances l'exigent, envoyer un nouveau détachement sur le lieu du sinistre.

Dans ces mêmes circonstances, si l'incendie offre un certain caractère de gravité, le capitaine de semaine en prévient les officiers supérieurs de la caserne qui se rendent sur les lieux.

Nota. — Les feux de cheminée et les incendies qui ne présentent aucun danger sont simplement mentionnés sur le rapport du capitaine de semaine.

Réserve à conserver dans les casernes.

§ 8. Le capitaine de semaine ne doit jamais dégarnir la caserne de plus du tiers de son effectif, à moins d'ordres contraires ou de demandes spéciales des autorités compétentes.

Devoirs du plus ancien officier présent sur le lieu de l'incendie.

§ 9. L'officier le plus élevé en grade, ou à grade égal, le plus ancien de ceux qui se trouvent réunis sur le lieu de l'incendie, prend le commandement des détachements en armes et des travailleurs qu'il met à la disposition des autorités compétentes.

Tenue des officiers se rendant sur le lieu de l'incendie pendant la nuit.

§ 10. Pendant la nuit, les officiers autres que ceux de piquet qui se rendent sur le lieu de l'incendie sont en tunique avec épaulettes, épée et képi ; ceux commandant un détachement armé sont en tenue de service.

Devoirs des militaires armés et non armés arrivés sur le lieu de l'incendie.

§ 11. Les militaires en armes qui se trouvent à l'incendie sont exclusivement chargés de faire la police et de surveiller les objets qui sont déposés sur la voie publique ; les piquets de travailleurs sont exclusivement chargés de former la chaîne pour le transport de l'eau et aider à la manœuvre des pompes. Les militaires ne doivent jamais pénétrer dans les maisons pour déménager les meubles sans être formellement requis par les commissaires de police ou officiers de paix présents sur les lieux, ou les chefs des maisons incendiées.

Seaux à incendie.

§ 12. Les seaux à incendie sont emportés sur le théâtre de l'incendie par les détachements de travailleurs, et après l'extinction du feu, laissés sur les lieux réunis autant que possible dans un emplacement.

Rapport du chef de détachement. — Blessures, effets détériorés.

§ 13. Après le renvoi des détachements, chaque officier commandant signale sur le rapport qu'il adresse au colonel l'heure de son arrivée et de son départ, les causes du sinistre, le nom du propriétaire de la maison incendiée, le nom de la rue, le numéro de la maison, l'évaluation approximative de la perte. Il indique les accidents survenus, les militaires qui se sont distingués par leur intelligence, leur zèle et leur dévouement, ceux qui ont reçu des blessures, ceux enfin dont les effets auraient été détériorés par le fait du service, et auxquels il délivre, dans les vingt-quatre heures, un certificat constatant la nature des pertes ou détériorations. Il mentionne également le nombre des militaires qu'il aurait été obligé de laisser sur les lieux du sinistre pour le maintien de l'ordre au moment du renvoi des détachements.

Composition des piquets en armes et des sections de travailleurs.

§ 14. La composition des piquets en armes et des sections de travailleurs est déterminée pour les diverses casernes par un tableau spécial. Un exemplaire de ce tableau existe dans chaque caserne.

Art. 125.

Instruction équestre des officiers et sous-officiers candidats.

§ 1er. Les officiers sortant de l'infanterie suivent le cours équestre. Il en est de même des sous-officiers de cette même arme proposés ou susceptibles d'être proposés pour officiers, ainsi que des brigadiers qui, appartenant également à l'infanterie, sont des sujets d'avenir. Les uns et les autres choisissent les chevaux qu'ils doivent monter parmi ceux désignés dans l'escadron qui fournit ce service à la compagnie à laquelle ils appartiennent.

La gratification due aux cavaliers pour chaque séance est de 1 fr. pour les officiers, 0 fr. 75 cent. pour les sous-officiers et brigadiers.

ORGANISATION DU SERVICE DES ÉCOLES.

Art. 126.

Dispositions générales et attributions du personnel.

§ 1er. Conformément à l'art. 23 du règlement du 18 avril 1876, la surveillance des écoles appartient à un des lieutenants-colonels du corps.

§ 2. Le lieutenant-colonel d'infanterie est chargé de cette surveillance.

§ 3. Le capitaine directeur a sous ses ordres les officiers professeurs pour tout ce qui concerne la tenue des classes. Il les dirige et veille avec le plus grand soin à ce qu'ils restent dans les limites des programmes. Il renseigne le lieutenant-colonel sur tout ce qui concerne les écoles des trois degrés.

§ 4. Les officiers professeurs sont responsables de l'ordre et de la tenue des classes. Ils veillent à ce que les leçons soient assidûment suivies, se font rendre compte des motifs d'absence et les font connaître au capitaine directeur, ainsi que les punitions qu'ils ont infligées.

§ 5. Toutes les punitions infligées par les moniteurs ou par MM. les lieutenants directeurs d'école seront communiquées par eux au directeur général, qui les transmettra au lieutenant-colonel pour être envoyées au bureau de service.

§ 6. Le capitaine directeur fera parvenir, à la fin de chaque trimestre, au lieutenant-colonel, un état nominatif par compagnie ou escadron des militaires punis pendant le trimestre avec les motifs des punitions. Toutes les compagnies et les escadrons figureront sur cet état, avec l'indication : *Néant* au besoin, lorsqu'ils n'auront point eu de militaires punis pendant le trimestre.

§ 7. Par application de l'art. 28 du règlement du 18 avril 1875, le capitaine directeur est exempt du service de semaine; il est remplacé dans ce service à la caserne à laquelle il appartient par le plus ancien des officiers de semaine.

MM. les lieutenants d'infanterie professeurs à l'école du 2e degré sont exempts du service de semaine.

MM. les lieutenants de cavalerie professeurs à l'école du 2e degré et à celle des enfants de troupe sont remplacés, les jours de cours, à la promenade des chevaux, quand ils sont de semaine, par le maréchal des logis de semaine, et tous les jours à l'appel du soir par le maréchal des logis chef de leur escadron.

Le lieutenant directeur de l'école des enfants de troupe et l'officier professeur de l'école du 3e degré sont dispensés de tout service.

§ 8. Les moniteurs généraux ne montent la garde qu'à la police dans leur caserne respective et le samedi seulement.

§ 9. Les moniteurs particuliers et les moniteurs adjoints jouissent de la permission permanente de 10 heures 1/2. Les uns et les autres ne montent la garde qu'à la police dans leur caserne respective, les premiers le samedi seulement, les seconds quand leur tour se présente.

Prescriptions particulières aux différents degrés.

Ecole du 1er degré.

§ 10. La limite d'âge à laquelle les gardes ne sont plus tenus de fréquenter les écoles est fixée à 40 ans.

§ 11. Tout homme qui, ayant dépassé cet âge, voudra continuer à suivre les cours y sera autorisé.

§ 12. Au commencement de chaque année scolaire, MM. les commandants de compagnie ou d'escadron adressent au lieutenant-colonel chargé de la surveillance des écoles un état nominatif de tous les militaires composant leur compagnie ou escadron, avec l'indication de l'âge de chacun d'eux par la date de la naissance. Ces états servent à l'établissement des listes des trois écoles.

§ 13. Pour plus de régularité dans le service, aucun homme inscrit au commencement de l'année scolaire sur les listes de l'école n'est rayé pendant le courant de l'année, même s'il atteint dans cet espace de temps l'âge de 40 ans.

§. 14. Les brigadiers d'ordinaire suivent comme leurs camarades les cours des différentes écoles.

§ 15. Les hommes de chambre assistent tous aux cours pour lesquels ils sont inscrits; ils sont à cet effet remplacés dans chaque compagnie ou escadron pendant la durée du cours par des hommes qui ne suivent pas l'école.

La même recommandation s'applique aux hommes à commander pour une corvée ou un service éventuel.

§ 16. Les escadrons ne peuvent envoyer à la forge, pendant les séances des cours du 1er degré, que deux hommes au plus appartenant à ces cours.

§ 17. Les brigadiers et gardes qui, d'après le degré d'instruction qu'ils possèdent à leur arrivée au corps, ou d'après les progrès faits par eux à l'école du 1er degré, sont reconnus susceptibles de suivre l'école du 2e degré, peuvent être admis dans cette école par ordre du capitaine directeur général, après examen subi devant le lieutenant directeur de leur école et sur la proposition qui en est faite par cet officier.

§ 18. Des permissions de 10 heures 1/2 valables pendant un mois sont accordées le 1er de chaque mois, sur la proposition de MM. les lieutenants directeurs d'écoles, aux élèves les plus méritants de l'école du 1er degré, à raison de quatre par compagnie ou escadron, dont deux pour le cours élémentaire, et deux pour le cours de rédaction.

Deux permissions de 10 heures 1/2 peuvent être également accordées par compagnie ou escadron aux élèves les plus méritants (brigadiers ou gardes) de l'école du 2e degré.

§ 19. MM. les officiers professeurs font parvenir au capitaine directeur, le 27 de chaque mois, un état nominatif par compagnie ou escadron des élèves de l'école du 1er degré qui, par leurs progrès, leur assiduité à l'école, ont mérité la permission de 10 heures 1/2 pendant le mois suivant.

§ 20. L'état général des permissionnaires de 10 heures 1/2 est adressé par le capitaine directeur au lieutenant-colonel à la fin de chaque mois et assez tôt pour qu'il soit présenté au colonel le 1er du mois suivant.

§ 21. Les moniteurs généraux ouvrent à la gauche du registre de leur école un chapitre où sont inscrits par mois les noms des militaires ayant obtenu de semblables permissions, de manière qu'il soit toujours possible d'en établir le contrôle.

§ 22. Tout militaire suivant le cours élémentaire peut, lorsqu'il en est reconnu capable, être admis au cours de rédaction. Il subit à cet effet un examen devant l'officier directeur de son école, qui prononce et rend compte au directeur général.

Ecole du 2e degré.

§ 23. Conformément à l'art. 10 du règlement du 18 avril 1875, l'école du 2e degré est destinée aux brigadiers proposés pour l'avancement, aux fourriers, aux maréchaux des logis, ainsi qu'aux maréchaux des logis chefs qui ne suivent pas l'école du 3e degré.

§ 24. La limite d'âge fixée pour les gardes ne s'applique en aucune façon aux gradés qui ont toujours besoin d'entretenir et de perfectionner leur instruction pour pouvoir rendre les services qu'on attend d'eux.

§ 25. Cependant lorsqu'un gradé se trouve placé dans des conditions tout à fait exceptionnelles, soit par son âge, soit pour toute autre cause, il peut être dispensé de suivre les cours.

A cet effet il en adresse la demande par écrit à l'officier directeur de son école, qui y joint son avis motivé, et la transmet au capitaine directeur général. Celui-ci prononce et rend compte au lieutenant-colonel.

§ 26. Conformément à l'art. 11 du règlement du 18 avril 1875, l'école du 2e degré a deux classes par semaine. La durée, les jours et les heures des séances sont fixés pour les deux armes par le tableau de travail.

§ 27. Au commencement de l'année scolaire, chaque officier professeur expose dans sa première leçon le but et le programme du cours, et prend les noms des élèves qui demandent à en être dispensés. Ces élèves en sont dispensés par le lieutenant-colonel, sur la proposition du capitaine-directeur, après examen subi devant ce dernier.

§ 28. Conformément aux articles 15 et 26 du règlement du 18 avril 1875, la commission d'examen désigne, à la fin de l'année scolaire, d'après le relevé des notes trimestrielles, les élèves du 2e degré qui, ayant des connaissances suffisantes, doivent être dispensés des cours pour les années suivantes, à moins qu'ils ne demandent à continuer.

§ 29. Recommandation expresse est faite aux capitaines commandants de veiller à ce que les sous-officiers, brigadiers et gardes, qui suivent l'école du 2e degré, ne soient chargés, aux jours et aux heures des cours de cette école, d'aucun service éventuel qui les empêche d'y assister.

Ecole du 3e degré.

§ 30. L'école du 3e degré est facultative et réservée aux sous-officiers; ils y sont admis par le colonel sur leur demande. Dans ce cas la demande est faite par l'intéressé à son capitaine qui la transmet au colonel.

§ 31. On peut exceptionnellement, sur l'ordre du colonel, admettre dans cette école un certain nombre de brigadiers considérés comme sujets d'avenir.

§ 32. Les brigadiers, de même que les maréchaux des logis suivant l'école du 3e degré, ne sont jamais commandés de service les jours où les cours ont lieu.

§ 33. Les brigadiers admis à l'école du 3e degré suivent le cours d'équitation fait aux candidats au grade de sous-lieutenant, mais ne sont point tenus d'assister comme eux aux théories récitatives ni aux cours d'hippologie et d'administration militaire. De plus, afin de leur donner la possibilité de travailler et de faire leurs devoirs, la salle d'école de chaque caserne leur est ouverte sous la surveillance et la responsabilité du moniteur général.

§ 34. La durée des classes de cette école est de 2 heures : elles ont lieu trois fois par semaine; il y a en outre une 4e classe par semaine, mais qui est facultative.

§ 35. Les jours et les heures des classes du 3e degré sont fixés par le tableau de travail.

§ 36. Conformément à l'art. 22 du règlement du 18 avril 1875, les élèves du 3e degré assistent à tous les cours, et n'en sont distraits sous aucun prétexte.

§ 37. Conformément à l'art. 21 du même règlement, tout

élève admis à suivre les cours du 3e degré ne peut les quitter qu'avec l'autorisation du chef de corps.

Art. 136.

Instruction relative aux cartouches de revolver.

§ 2. Les douze cartouches de revolver délivrées à chaque cavalier sont partagées en deux paquets de six cartouches. L'un est placé dans la case du fond du compartiment de droite de la giberne, l'autre est serré dans la malle.

Ces paquets sont faits au moyen d'une feuille de papier gris clair un peu fort, ayant environ 20 centimètres de long sur 15 centimètres de large. Les six cartouches sont placées à plat sur deux rangs, culot contre culot, parallèlement au petit côté du papier. On les enroule avec le papier en les maintenant à plat et les serrant autant que possible, et l'on rabat de chaque côté l'excédant du papier, de manière à former un paquet rectangulaire ayant environ 6 centimètres 1/2 de long, 4 centimètres 1/2 de large et l'épaisseur d'une seule cartouche.

Chaque paquet est consolidé dans le sens de sa longueur au moyen d'une ficelle dont les extrémités libres forment une ganse dépassant de 6 centimètres le petit côté du paquet, par laquelle le cavalier saisit le paquet pour le retirer de la giberne au moment du besoin.

Le paquet de la giberne est placé debout, la ganse en dessus contre le grand côté de la giberne, la pièce grasse placée entre le paquet et la case en cuir à fond de liège.

Chaque paquet est marqué à la lettre de l'escadron et au numéro matricule de l'homme.

Art. 139.

Permissions de un à huit jours, de minuit et de l'appel du soir.

§ 1er. Les permissions de minuit, celles de un à quatre jours avec solde de présence, ainsi que celles avec solde de congé jusqu'à huit jours inclusivement, sont signées au rapport par le colonel. Lorsque dans la journée un militaire a besoin de la permission d'une heure après l'appel du soir, il la demande à l'officier de semaine.

Le capitaine de semaine, sur la présentation de l'officier de semaine, peut accorder la permission de minuit; il en rend compte sur son rapport spécial de police.

Le nombre des permissions de toute nature à accorder est fixé par le colonel.

Permissions des officiers.

§ 2. L'officier qui désire une permission au-dessus de 48 heures, doit en faire la demande par écrit, en suivant la voie hiérarchique. La permission imprimée est jointe à la demande.

§ 3. Supprimé.

Permissions de la troupe.

§ 4. Les permissions de 48 heures et au-dessus sont demandées par écrit, en suivant la voie hiérarchique.

Prolongation de permission ou de congé.

§ 5. Tout militaire en permission ou en congé qui désire

obtenir une prolongation, doit en faire la demande par l'intermédiaire du général commandant le département où il se trouve. Sa demande doit être accompagnée de l'approbation du chef de corps.

Art. 142.

Cantines et cantinières.

§ 1er. Les cantines et les cantinières sont placées sous la surveillance spéciale des capitaines de semaine et de l'adjudant de la caserne.

Dans chaque arme un adjudant-major a la surveillance des cantines, mais seulement en ce qui concerne les mesures générales, telles que installation de cantine, changement dans le prix de vente des consommations, modifications dans les menus des repas des pensions de sous-officiers et brigadiers, etc.

Art. 143.

Ajouter au mot sous-officiers le mot brigadiers.

Art. 144.

Cuisinières et porteurs.

Les cuisinières et les porteurs doivent arriver le matin à la cuisine à l'heure qui leur est fixée, et ne sortir de la caserne le soir qu'après que leur service est terminé. Les cuisinières et les porteurs sont sous la surveillance immédiate du maréchal des logis de garde, du brigadier de planton de cuisine, ou à son défaut du brigadier de garde, du brigadier d'ordinaire et du planton de cuisine, pour tout ce qui est relatif à la police dans l'intérieur des cuisines, à la propreté, à la préparation et à la répartition des aliments.

LÉAUTEY, imprimeur de la Gendarmerie, rue Saint-Guillaume, 23.

www.ingramcontent.com/pod-product-compliance
Ingram Content Group UK Ltd.
Pitfield, Milton Keynes, MK11 3LW, UK
UKHW020346230726
13925UKWH00003B/981

9 782013 389488